FAMOSE VÖGEL

KLAUS NÜCHTERN

FAMOSE VÖGEL

90 heimische Vögel,
beobachtet und beschrieben
vom FALTER-Vogel-Wart,
illustriert von Silvia Ungersböck

FALTER VERLAG

2. Auflage 2024

ISBN 978-3-85439-715-1

1011 Wien, Marc-Aurel-Straße 9
T: +43/1/536 60-0, F: +43/1/536 60-935
E: bv@falter.at, service@falter.at
W: faltershop.at

Autor: Klaus Nüchtern

Zeichnungen: Silvia Ungersböck

Lektorat: Regina Danek

Grafik und Layout: Marion Großschädl

Grafik Cover: Raphael Moser

Produktion: Sothany Kim

Druck: Finidr, s.r.o., 73701 Česky Těšin

FSC www.fsc.org
MIX
Papier aus verantwortungsvollen Quellen
FSC® C014138

Wir haben bei diesem Buch im Sinne der Umwelt
auf die Verpackung mit Plastikfolie verzichtet.

INHALT

VÖGEL VON A BIS Z

ICH BREMSE AUCH FÜR MEISEN

Ich bin kein Ornithologe. Das ist ein offenkundiges Faktum, mit dem ich auch nicht hinterm Berg halte, ganz im Gegenteil. Warum es an dieser Stelle also erwähnen? Weil es mir schon wiederholt widerfahren ist, dass Menschen in Gegenwart von Dritten erwähnt haben, ich wäre einer; und mir die Vorstellung, jene oder jener Dritte würde nun annehmen, ich selbst hätte das von mir behauptet, peinlich ist. Ich finde, Hochstapelei hat zwingend mit einem Mindestmaß an Flamboyanz einherzugehen, wohingegen Hochstapelei auf niedrigem Niveau nur stillos und verachtenswert ist.

Catch Me If You Can

Dieses Buch basiert auf der Rubrik „Vogel der Woche" (VdW), die ich, der selbsternannte „FALTER-Vogel-Wart" (FaVoWa), im Laufe von zwei Jahren geschrieben habe und die jeden Dienstag im FALTER.*morgen* erschienen ist (wie es dazu kam und was es damit auf sich hat, schildert FALTER.*morgen*-Redakteur Martin Staudinger im folgenden Beitrag).

Im Großen und Ganzen wurden die einzelnen Beiträge immer nach denselben „Spielregeln" erstellt: Der FaVoWa hatte den VdW tatsächlich zeitnah gesichtet und er musste von seiner Exkursion ein Foto mitbringen, das gut genug war, um als Sichtungsbeleg durchzugehen. Mitunter habe ich auch ein wenig „geschummelt", also eine nicht ganz aktuelle Begegnung beschrieben oder ein Foto aus meinem Archiv verwendet.

Der VdW hat sich im Laufe der Zeit verändert: Die Beiträge sind länger, die darin eingebetteten Links, die Zusatzinformationen oder Assoziationen zum jeweiligen VdW bereitstellten, mehr geworden. Um sie „ins Buch zu holen", wurden QR-Codes generiert, sodass man die Links nun mit dem Smartphone aufrufen kann. Um die Übersichtlichkeit zu gewährleisten, wurde deren Anzahl allerdings reduziert.

Ebenfalls der erhöhten Übersichtlichkeit wegen treten die Vögel hier in alphabetischer Reihenfolge an.

Die Texte wurden sanft, mitunter auch grob überarbeitet, um mittlerweile obsolet oder unverständlich gewordene Anspielungen und Anmerkungen zu tilgen, Redundanzen zu vermeiden, Witzchen nicht totzureiten und das Adjektiv „drollig" das ein oder andere Mal durch „niedlich", „putzig" oder „possierlich" zu ersetzen – ja, es ist nicht zu leugnen, der FaVoWa ist *a sucker for cuteness*, zumindest, was die Vogelwelt anbelangt. Darüber hinaus hat er auch etwas für die immer wieder erwähnten LBJs übrig – ein vom englischen Journalisten, Autor und Birdwatcher Simon Barnes geprägtes Akronym, das für *Little Brown Jobs* steht, all jene kleinen Vögel von eher unscheinbarer und verwaschener Farbgebung, die durchs Geäst huschen und mitunter schwer zu identifizieren sind.

Der Svensson

„Famose Vögel" erhebt selbstverständlich nicht den Anspruch, ein Handbuch zur Vogelbestimmung zu sein und in Konkurrenz zu einschlägigen Werken wie etwa dem hier vielfach zitierten Svensson zu treten. Nachdem die verhuschten Fotos des FaVoWa durch die naturgetreuen und gestochen scharfen Illustrationen von Silvia Ungersböck ersetzt wurden, kann man es aber durchaus zu diesem Zweck heranziehen. Geschrieben von einem Laien wendet sich das Buch an Laien in der Hoffnung, deren Vogerl-Awareness ein wenig zu optimieren. Ich hasse den trendig-selbstergriffenen Begriff der „Achtsamkeit", aber darum, die Weltwahrnehmung zu intensivieren, geht es schon (um's mal ein bisserl pathetisch zu formulieren).

In Analogie zu Paul Watzlawicks Einsicht „You cannot not communicate" könnte man auch sagen: „You cannot not be a birdwatcher" (darüber, dass es mit einem gerüttelt Maß an Ignoranz dann doch gelingen kann, erzähle ich übrigens im Beitrag zum Turmfalken). Ein kluger Mensch hat einmal süffisant angemerkt, dass man statt von „Birdwatching" eigentlich von „Birdnaming“ sprechen sollte. Da ist was dran. Es gibt Birdwatcher, denen es vor allem darum geht, Arten abzuhaken und ihre Listen abzuarbeiten.

The Big Year

Von dergleichen Ehrgeiz ist auch der FaVoWa nicht gefeit, und natürlich freue ich mich über jede Erstsichtung. Ich bremse allerdings auch für Meisen. Also zumindest für Schwanzmeisen. Da steige ich dann vom Fahrrad, zücke meine Kamera und hoffe, dass mein 94. Schwanzmeisenfoto die 93 vorangegangenen Schwanzmeisenfotos in den Schatten stellen wird. Mit meiner Schwanzmeisenfixiertheit bin ich übrigens nicht alleine, wie das Interview mit der US-Schriftstellerin und Schwanzmeisengutfinderin Nell Zink belegt, das hier nachgelesen werden kann.

In „Famose Vögel“ geht es nicht nur um Vögel, es geht auch um die Orte und die Landschaften, an und in denen man diesen begegnet. So gesehen ist es auch ein Wien-Buch, das häppchenweise konsumiert werden und die darin Lesenden und Blätternden dazu anregen möchte, die eigene Wohnung zu verlassen. Sollte sich tatsächlich jemand dazu verleiten lassen, mit dem Bus zur Urselbrunnengasse zu fahren, um am Laaer Berg nach Wintergoldhähnchen Ausschau zu halten, oder gar zur Gerhard Weber Wehrbrücke zu radeln, um zu überprüfen, ob es dort tatsächlich Schellenten hat, hätte der FaVoWa so ziemlich alles erreicht, was er sich wünschen kann.

Klaus Nüchtern
FALTER-*Vogel-Wart*

A MAN OF MANY APPETITES

FALTER.*morgen*

Jetzt wollen Sie natürlich wissen, wie es dazu kommen konnte: Klaus Nüchtern, Staatspreisträger für Literatur, Biograph Heimito von Doderers, Rezensionsdoyen des FALTER, schreibt über Vögel – derlei ist ja nicht, wie Thomas Bernhard gerne sagte, naturgemäß. Und ich stehe nicht an, einzugestehen, dass wir (die Redaktion des FALTER.*morgen)* das bis vor kurzem auch so gesehen hätten (hätten wir uns überhaupt Gedanken darüber gemacht).

Das hatten wir aber nicht. Und die Geschichte dieses Buches begann ja auch mit etwas ganz anderem – luftig zwar, aber überhaupt nicht ornithologisch: Es ging um Wetterberichte, die wir bei der Gründung des FALTER.*morgen* (das ist der tägliche Newsletter des FALTER*)* gerne jeden Tag aus Nüchterns Feder (die Verwendung dieser Plattitüde geht hier ausnahmsweise) gelesen hätten.

Wenn Sie jetzt einwenden, es sei auch nicht wirklich naturgemäß, dass Nüchtern die Christa Kummer für die FALTER-Klientel gibt, dann muss ich entgegnen: Das wiederum stimmt so nicht ganz. Es lag sogar recht nahe, weil uns Nüchtern in intellektueller Hinsicht als *man of many appetites* geläufig ist. Und einer davon bestand zeitweilig darin, Wolken zu beobachten und zu beschreiben (man konnte das auf Twitter unter @clousinthesky nachlesen). Deshalb das Ansinnen der täglichen Wetterprognose, das der Angesprochene allerdings mit den wohlgesetzten Worten „Jeden Tag? Ist mir eindeutig zu anstrengend“ abschlägig beschied.

Das Stimmungstief, das uns infolgedessen erfasste, lag daraufhin zwar über dem FALTER.*morgen* wie das berühmt-berüchtigte barometrische Minimum aus dem „Mann ohne Eigenschaften“ über dem Atlantik, verweilte aber glücklicherweise nicht allzu lange.

Denn schon wenig später stand Nüchtern geradezu strahlend in der Türe und bot uns eine Kolumne unter dem Titel

„Vogel der Woche“ an. Das kam, wie eingangs angedeutet, nun doch auch für uns überraschend: Unter seinen vielen *appetites* war uns Nüchterns lebhaftes Interesse an Vögeln (wer jetzt am statt an gelesen hat und römisch-katholischen Glaubens ist, merkt sich das für die nächste Beichte; alle anderen gehen sich die Augen waschen) bis dahin entgangen.

Die leise Skepsis, die anfänglich bezüglich des Themas herrschte, war angesichts der erwiesenen kolumnistischen Qualifikation des Autors rasch verflogen, und so erschien wenig später, genauer gesagt am 26. Februar 2021, der erste „Vogel der Woche“ im FALTER.*morgen*.

Nüchtern widmete sich dabei der weithin unbekannten Wacholderdrossel. Und bereits dieser Text ließ erkennen, dass an dieser Stelle kein dröges ornithologisches Gequake zu erwarten sein würde, sondern Essays wie Kolibris: schillernd, klein und elegant, mit kenntnisreichen Verweisen in die Philosophie-, Literatur- und oft auch Musikgeschichte.

Für die Beschreibung der Wacholderdrossel, früher auch Krammetsvogel genannt, wurden flankierend etwa keine Geringeren als Heinrich Heine und Martin Heidegger aufgeboten; für den Halsbandsittich Jimi Hendrix, für die Saatkrähe der russische Maler Alexei Savrasov (1830–1897); für den Grauschnäpper Hermis Radlertreff „Zur Beichtmutter“ in Schönau an der Donau, um nur einige zu nennen.

Die FALTER.*morgen*-Abonnierendenschar (m/w/d) honorierte derlei Gedankenflugmanöver, um nicht zu sagen: Text gewordene Murmurationen. Der „Vogel der Woche“ entwickelte sich rasch zu einer der beliebtesten Rubriken des Newsletters. Und spätestens seit der dritten Folge, in der es um die Gattung *Sturnus vulgaris* ging, ist es weder gelogen noch übertrieben, Nüchtern in jedwedem Wortsinne als Star-Kolumnisten zu bezeichnen – wovon Sie sich in diesem Band, der hoffentlich nur der erste von mehreren ist, mit Sicherheit überzeugen werden.

Martin Staudinger, FALTER.*morgen-Redakteur*

Der Amselmann macht im Haushalt fifty-fifty

SCHÜCHTERNE RAMPENSAU
DIE AMSEL

Die Amsel wird total unterschätzt und das, obwohl sie möglicherweise die größte Sängerin in Garten, Wald, Park und Flur ist, die wir haben. Die Amsel ist „der musikalisch höchststehende Vogel Mitteleuropas. Sie ist eine talentiertere Komponistin als die Nachtigall", urteilte Heinz Tiessen, der es wissen sollte, war er doch selber Komponist.

Die lautlichen Äußerungen der Amsel sind nicht schlechterdings wohltönend im konventionellen Sinne, denn sie umfassen nicht nur Pfeifen und Flöten, sondern auch Tixen und Schackern, wie Peter Krauss in seinem Handwörterbuch der Vogellaute („Singt der Vogel, ruft er oder schlägt er?") schreibt.

Buchtipp

„Blackbird“

Der FaVoWa hatte eine Zeitlang eine Amsel vor dem Schlafzimmerfenster, die die Folgetöne eines Autoalarms in ihren Gesang einzubauen pflegte. Amselgesang hat Paul McCartney zu dem Song „Blackbird“ inspiriert (in dem auch authentischer Amselgesang Verwendung findet), Amselgesang ist aber auch Avantgarde, wie jeder bestätigen wird, der mit dem Werk des großen Jazzmusikers und Multiinstrumentalisten Eric Dolphy (1928–1964) vertraut ist.

Im Irischen gibt es einen Aberglauben, der Glück all jenen verheißt, die mehr als bloß eine einzige Amsel sehen. Das ist angenehmerweise leicht. Denn Amselfrau und Amselmann machen im Haushalt schon lange fifty-fifty. Mit vertrautem Rascheln kann man das trauliche Paar durchs Laub hopsen hören. G'schaftig, aber auch vorsichtig suchen sie nach Nahrung, halten dazwischen inne und checken kurz die Lage.

Im Grunde genommen sind Amseln schüchtern und machen sich ungern wichtig, es sei denn, sie singen. Auf der Bühne wird die Amsel zur Rampensau. Das spektakulärste Solokonzert, dem der FaVoWa je beiwohnen durfte, fand auf der Spitze der Fahne des Erzherzog Karl am Heldenplatz statt.

DIE MIT DEM SCHWANZ WIPPT
DIE BACHSTELZE

Bachstelzen gehören der Familie der Pieper und Stelzen an, wobei sie eigentlich weder piepen (eher zirpen oder quietschen) noch sich sonderlich gestelzt bewegen wie etwa der Stelzenläufer, dessen Name unmittelbar einleuchtet. Auf Englisch heißt *Motacilla alba* wesentlich triftiger *wagtail*, denn mit ihrem langen Schwanz wippt die Bachstelze, dieser elegant befrackte Vogel, tatsächlich die ganze Zeit.

Ein buchstäblich farbloser Vogel: die Bachstelze

Man findet Bachstelzen in Kulturlandschaften überall dort, wo's auch Wasser gibt. Es muss also kein Bach, es kann auch ein See, ein Fluss, ein Teich oder Tümpel sein. Dass sich Bachstelzen im Wasser spiegeln, kommt also gewiss vor, dass sie sich in ihr Spiegelbild verlieben wie bei Martin Mosebach, dessen Roman „Krass“ eine Bachstelze am Cover ziert, eher nicht.

„Krass“

Die Bachstelze ist buchstäblich ein farbloser Vogel: Schwarz, Weiß, Grau – was anderes ist an ihr nicht auszumachen, selbst Augen und Beine machen da keine Ausnahme. Die Palette ist damit die gleiche wie beim → Raubwürger, der im Unterschied zur Bachstelze bei uns aber sehr selten ist.

Bachstelzen hat jede und jeder schon einmal gesichtet, auch meine Freundin Uli, die mir unlängst ein Foto von einer übermittelte und um Identifikation bat. Es handelt sich dabei um eine ornithologische Kindergartenaufgabe, die selbst den FaVoWa nicht in Verlegenheit zu bringen vermochte: „Uli, das ist eine Bachstelze.“ „Toll! Noch nie gesehen.“ „Doch, hast du!“ Eine virtuose Vogelbeobachterin wird aus Uli wohl eher nicht mehr werden, aber Begeisterungsfähigkeit für Bachstelzen ist fraglos ein schöner Zug und wird mit ein paar Sonderpunkten fürs Karmakonto belohnt.

ALBERN UND SOPHISTICATED
DIE BARTMEISE

Von Siri Hustvedt gibt es einen Essay-Band mit dem bestechenden Titel „A Woman Looking at Men Looking at Women“. Tatsächlich schauen nicht nur Frauen auf Männer, die auf Frauen schauen, unser Alltag ist von Beobachtungsbeobachtungen durchsetzt (und bei Niklas Luhmann kann man gewiss was Kluges dazu lesen). Das gilt in gesteigertem Maße für Birdwatcher: Für Menschen, die auf Vögel schauen, ist es nachgerade unmöglich, nicht auch auf Menschen zu schauen, die auf Vögel schauen.

Meine liebste Vogelbeobachterbeobachtungsanekdote trug sich vor einigen Jahren an einem Februartag in London zu, und zwar an den Gestaden jenes Sees, der zum größten Teil im Hyde Park liegt und The Serpentine geheißen wird. Dort stand, als ich vorbeikam, eine nicht unbeträchtliche Menschenmenge und starrte ins Schilf. Einige von ihnen waren mit Kameras und armlangen Paparazzi-Teleskopen ausgerüstet. Die Antwort auf die Frage, was es denn hier zu sehen gebe, lautete kurz und bündig: „It's a bearded tit!“

„Nice Tits“

Im Englischen sind Meisen natürlich ein Quell nie versiegender Heiterkeit, aber die Bartmeise ist noch einmal besonders – und zwar nicht nur in Hinblick auf ihr Bilderwitzpotenzial, sondern überhaupt: Es gibt nur wenige Vogelarten, die Komik und Eleganz auf so betörende Weise verkörpern wie *Panurus biarmicus;* und dass die Bartmeise streng genommen gar nicht der Familie der Meisen ange-

Vieler Verbrechen fähig: die Bartmeise

hört, sondern als einzige Art einer monotypischen Familie gelten muss, ist uns, ehrlich gesagt, ein bissl wurscht.

Keineswegs egal, sondern Anlass zu großer Freude war und ist der Umstand, dass der Neusiedler See zum Hauptverbreitungsgebiet der Bartmeise in Mitteleuropa zählt. Genau genommen sind es die Schilfgürtel im südlichen Abschnitt der auf das Seebad in Illmitz zulaufenden Seestraße, wo die Bartmeisen in munteren Scharen ihr gutgelauntes, metallisch klingendes „Pschin-dschick-tschrääh“ (Svensson) ertönen lassen. Für welche Verbrechen man die maskierten Meisen zu Verantwortung zu ziehen hat? Das Spektrum ist – ganz gemäß ihrem zwischen Albernheit und Sophistication angesiedelten Gemüt – entsprechend breit und reicht vom Hütchenspiel bis zur Fälschung historischer Instrumente.

Video

Läuft den Baum rauf (aber nicht runter): der Baumläufer

LÄUFT DEN BAUM RAUF

DER BAUMLÄUFER

Wendehals

Es gibt Vögel mit vermeintlich sprechenden Namen, die uns, wenn man sie nicht ohnedies schon kennt, gar nichts sagen. Was genau soll man sich unter einem Trauerschnäpper oder einem Ziegenmelker vorstellen? Sieht der Wendehals Rudi Fußi ähnlich, oder warum heißt der so? Ein Waldlaubsänger gehört vermutlich in den Laubwald, aber wo begegnet man einem Alpenstrandläufer? Was wälzt der Steinwälzer wirklich, und müssen wir ihn uns als einen glücklichen Vogel vorstellen?

Und dann gibt es Vögel, deren Namen uns mehr oder weniger unmittelbar einleuchten. Namensklarheit ist Namenswahrheit. Ein Säbelschnäbler heißt Säbelschnäbler, weil er mit seinem Säbelschnabel durchs Flachwasser schnäbelt. Ein → Bienenfresser frisst Bienen. Oder Wespen. So wie der Wespenbussard. Der → Kuckuck? Macht „kuckuck!" Und der Baumläufer läuft eben den Baum rauf – weswegen ihn eine etwas laut- und assonanzverliebtere Vogelbenennungsbeamtenschaft gewiss gleich Baumraufläufer genannt hätte, aber da hatte wohl wieder einmal eine eher trockene Truppe Dienst.

Es ist nämlich tatsächlich so, dass der Baumläufer den Baum raufläuft, aber nicht runter. Runter kann nur der → Kleiber. Der Baumläufer ist ein kleiner kregler Vogel mit weißer Unter- und einer Oberseite in der Farbe Rinde. Genau genommen gibt es gar keine Baumläufer, sondern nur Waldbaum- und Gartenbaumläufer. Unterscheiden kann man sie an der Länge der Hinterkralle: kurz = Garten, lang = Baum.

Die Unterscheidung zwischen Gartenbaum- und Waldbaumläufer ist schon etwas für fortgeschrittene Birdwatcher. Man wird aber nicht ganz falsch liegen, wenn man

Baut beutelförmige Nester: die Beutelmeise

annimmt, dass es sich bei einem Baumläufer, den man im Augarten oder im Donaupark begegnet, um einen Gartenbaumläufer, bei einem Baumläufer, den man im Wienerwald trifft, um einen Waldbaumläufer handelt. Der Jazzmusiker Leo Skorupa, der dem „Baumläufer“ eine Komposition gewidmet hat, hat sich da nicht näher festgelegt, und der muss das auch gar nicht, denn der ist Künstler.

Musik

SPITZENARCHITEKTEN

DIE BEUTELMEISE

„Und jedem Anfang wohnt ein Zauber inne“, spricht der Dichter, und der muss es ja wohl wissen. Andererseits braucht man dem Bodhisattva aus Calw, Hermann Hesse, auch nicht alles abnehmen. Wenn die Tage wieder länger werden, liegt freilich in der Tat etwas von zauberhaftem Anfang in der Luft: Es singt, pfeift und kräht, zwischtert, tixt und tiriliert, dass es nur so eine Art hat. Von einem „Stummen Frühling“, wie ihn Rachel Carson 1962 in ihrem berühmten Buch an die Wand gemalt hat, kann also keine Rede sein.

Das soll jetzt keineswegs als patziges „Alles-nicht-so-schlimm“ missverstanden werden. Die Biomasse der Insekten schrumpft dramatisch, was natürlich auch furchtbare Auswirkungen auf die Vogelwelt hat. Nichtsdestotrotz erfreut es das Herz des Vogelfreunds, wenn sich diese wieder verstärkt akustisch bemerkbar macht, das passiert unwillkürlich und gleichsam automatisch, welche Hirnareale und Hormone auch immer für Zwitschereuphorie zuständig sind. Außerdem: Wird das Artensterben auch nur um ein Alzerl verringert oder verzögert, wenn der FaVoWa Trübsal bläst, anstatt sich akustisch zu ergötzen? Eben.

„Stumme Erde“

Paul Klee

Dabei war dieser zunächst ein bisschen enttäuscht gewesen, als er an den Vogelschauplätzen bei Hohenau an der

Der Bienenfresser jettet von Afrika nach Regelsbrunn

March nur → Graugänse und Blässhühner, ein paar Reiher und → Zwergtaucher sowie die erwartbare Rohrweihe zu Gesicht bekam. Dann aber entdeckte er im Gezweig des baumbestandenen Teichufers zwei kregle Kerlchen mit schwarzen Augenmasken. Für Steinschmätzer oder Neuntöter war es definitiv zu früh, außerdem hätte man die auch aufgrund des Habitats (Steinschmätzer) und der Schnabelform (Neuntöter) ausschließen können.

Und siehe da, die beiden erwiesen sich als Beutelmeisen! Für den FaVoWa eine Erstsichtung. Hatte er überhaupt nicht am Schirm gehabt. Beutelmeisen sind die absoluten Spitzen- und Signaturearchitekten der heimischen Vogelwelt: Sie hängen ihre kunstvollen und eben beutelförmigen Nester, die über eine Einschlupfröhre verfügen und fluffig mit Samenwolle ausstaffiert sind, in die herabhängenden Zweige von Weiden oder auch ins Schilf.

OUT OF AFRICA
DER BIENENFRESSER

Von meinen Ausflugsanstrengungen vom vergangenen Sonntag wäre zu berichten, dass sie ein Schlag ins Wasser und dennoch nicht ganz unerbaulich waren. Schuld an der qua aquatischer Metapher angedeuteten Unbill trugen aber weniger die aktuell statthabenden Regenschauer als die vorangegangenen Unwetter, die dafür gesorgt hatten, dass der Treppelweg zwischen Regelsbrunn und Haslau mehrfach von entwurzelten Bäumen blockiert und mit dem Citybike definitiv unberadelbar war. Wobei dort Radfahren und Inlineskaten ohnehin verboten ist (auf die Idee, dass man dort Inlineskaten möchte oder könnte, muss man allerdings auch erst einmal kommen).

Das animierte Schwirren, Stieben, Schwärmen und Flirren von Schwalben, Spechten, Kleibern und Meisen war ebenso wenig zu übersehen und zu überhören wie der → Pirol, der aus allen Richtungen aus dem hohen Laube flötete.

Schon beim Verlassen des Zuges aber war jenes vielstimmig orgelnde Gepfeife zu vernehmen gewesen, das man nicht mehr vergisst, sobald man es erst einmal im Ohr hat: Bienenfresser! Noch viel leichter sind diese Vögel aber aufgrund ihres Aussehens zu identifizieren, denn sie haben beim selben Ausstatter schneidern lassen wie die Jackson Five, sind also nicht eben unauffällig. Als Bienenfresser werden die Vögel übrigens deswegen bezeichnet, weil sie Bienen (und andere schwarz-gelb gestreifte Insekten) fressen; weswegen man ihnen im Tiergarten Schönbrunn einfach einen Bienenstock auf die Voliere gestellt hat. Ihre eleganten Flugsilhouetten sehen so aus, als wären sie in einer japanischen Papiermanufaktur aus feinsten Materialien gefertigt worden. Tatsächlich sind die Vögel aber so robust, dass sie bis zu eineinhalb Meter tiefe Höhlen in Steilwände und Sandgruben bohren, in denen sie Sandmandalas fabrizieren und Musik von The Grateful Dead hören.

Jackson Five

Clous In The Sky

Wer Bienenfresser sehen will, bevor diese wieder Richtung Afrika abrauschen, soll zwischen Mai und September einfach am Bahnhof Regelsbrunn aussteigen und dort die Oberleitung im Auge behalten. Der FaVoWa würde sehr gerne etwas für den Bienenfressertourismus von Regelsbrunn tun, wo die Tastatur des Fahrscheinautomaten mit Spinnweben verhangen war. Regelsbrunn hat sich echt mehr Aufmerksamkeit verdient!

EIN OPFER DER LANDWIRTSCHAFT

DAS BRAUNKEHLCHEN

Das Braunkehlchen ist ein typischer Angehöriger des Teams „LBJ“, von dem in diesem Buch wiederholt die Rede sein wird. Das Akronym „LBJ“ hat der britische Autor, Journalist und Birder Simon Barnes in die Welt gesetzt. Es steht für *„Little Brown Jobs“*, also die Klasse all jener Vögel, die sich nicht eben durch überpointierte Farbgebung auszeichnen, sondern eher ins Verwaschene spielen. In der Kehlchenviererkette ist das kregle Rotkehlchen fraglos das am weitesten verbreitete und bekannteste, daneben sind noch die Farben Schwarz, Braun und Blau vertreten.

Simon Barnes

Ein klassischer Vertreter des Teams „LBJ“ („Little Brown Jobs“): das Braunkehlchen

Im Unterschied zu vielen anderen LBJs aber zählen das Braun- und die anderen -kehlchen nicht zu den Laubsängern und Grasmückenartigen, sondern zu den Drosseln, allerdings nicht zu den eigentlichen Drosseln, sondern zu den kleineren Drosseln, die in etwa nur halb so groß sind wie eine → Amsel.

Das Drosselige am Braunkehlchen ist der Umstand, dass es nicht übermäßig scheu und hypernervös ist, sondern ganz gerne an exponierter Stelle sitzt. Dass man ihm dennoch selten begegnet, liegt an dem traurigen Umstand, dass es als Bodenbrüter – so wie auch Rebhuhn, → Feldlerche oder → Kiebitz – zu jenen Arten zählt, die von der Intensivlandwirtschaft am stärksten bedroht sind: Seit 1998 ist der Bestand an Braunkehlchen um 61 Prozent zurückgegangen. Dabei würde es schon helfen, an Wiesen- und Weiderändern nicht alles skinheadmäßig abzurasieren, sondern einen Irokesen an Flora stehen zu lassen, die für die menschlichen Verwertungs- und Verzehrzyklen eher uninteressant ist.

Salzburg24 Artikel

EIN VOGEL ZUM PFERDESTEHLEN
DER BUCHFINK

„Very pretty, but common as muck", also: „sehr hübsch, aber gewöhnlich wie Dreck". Das ist das mäßig charmante Urteil, das der wunderbare britische Vogerlpinsler Matt Sewell in seinem Buch „Our Garden Birds" über den Buchfink fällt. Nun, ein sonderlich rarer Anblick ist *Fringilla coelebs* tatsächlich nicht, aber fragen Sie mal in Ihrem Bekanntenkreis, wie viele Menschen ihn tatsächlich zweifelsfrei erkennen können.

Bei der letzten Wintervogelzählung Anfang des Jahres kam der Buchfink in Wien übrigens mit Platz 7 im vorderen

Der Buchfink: „Leih, leih, leih mir die Bohrmaschin'!"

Mittelfeld zu liegen. Mit seiner rostroten Brust, dem grauen Kopf und den auffallenden weißen Flügelbinden ist der hübsche, in Garten, Wald und Park verlässlich anzutreffende Geselle freilich leicht zu identifizieren, vor allem aber ist er ein hervorragender Übungsvogel, wenn man sich im Frühling (wieder) auf die einzelnen Vogelstimmen einhören will. Sein Gesang endet mit einem charakteristischen Schlenker, der so ähnlich wie „kauft, kauft, kauft mehr ridum" oder „leih, leih, leih mir die Bohrmaschin'!" lautet. Und Letzteres kann man in jedem Falle ohne Bedenken tun, denn der Buchfink ist ein Vogel mit Handschlagqualität. Mit ihm könnte man Pferde stehlen.

Vogel-gesang

HÖR MAL, WER DA HÄMMERT

BUNT- UND BLUTSPECHT

In den 1990er-Jahren, also zu einer Zeit, als Serienschauen in Sachen Sozialprestige und Distinktionshuberei noch eher im Bereich von Junggesellenabend und Paintball rangierte, gab es eine Sitcom namens „Hör mal, wer da hämmert". Die konnte (und wollte) jetzt in der Tat nicht unbedingt als Chimborazo der Sophistication gelten, war aber leidlich lustig und soll hier als Aufhänger dienen, um das Kapitel „Spechte" aufzuschlagen.

TV-Serie

Spechte, Buntspechte zumal, sind wirklich lustig: mehr „Mein cooler Onkel Charlie" als „Hör mal, wer da hämmert". Aber hämmern oder „trommeln" hören kann man sie allemal, und das auch mitten in der Stadt. Gerade Wien ist eine super Stadt zum Spechtespechteln. Es ist fast unmöglich, durch den Prater zu spazieren, ohne Spechtgetrommel, das Schnauzen der Bunt- oder das Gelächter der → Grünspechte zu vernehmen. Insgesamt kann man in Wien sage und schreibe neun Spechtarten sichten, Buntspechte durchaus auch auf der Ringstraße. Um dem raren Weißrückenspecht zu begegnen, braucht man allerdings eine ordentliche Portion Birder-Glück.

Birdlife Info

Vor einigen Semestern hatte ich mich als Mentor für Erstsemestrige zur Verfügung gestellt und musste in diesem Zusammenhang auch einen Tag Gruppendynamik über mich ergehen lassen. Gruppendynamik beruht auf der Theorie, dass sich erwachsene Menschen auf keinen Fall einfach zusammensetzen, miteinander reden und auf irgendetwas einigen können, sondern dafür Papier, Stifte, einen Flipchart und un-be-dingt bunte Bälle brauchen. Für das „Jeder-schreibt-jetzt-was-über-sich-auf-den-Zettel-und-die-anderen-müssen-erraten-wer-es-ist"-Spiel, hatte ich notiert: „Ich kann einen Buntspecht von einem Blutspecht unterscheiden."

Bunt- und Blutspecht:
Finden Sie den Fehler!

Mit der Ansage kann man sich unter seriösen Birdwatchern zwar nur lächerlich machen, aber die meisten Menschen, die sich die Stadt mit Spechten teilen, wissen nicht einmal, dass es einen Blutspecht gibt. Und bei diesem klafft eben eine Lücke in dem schwarzen Bogen, der beim Buntspecht vom Schnabel bis zum Nacken reicht; außerdem ist das Unterschwanzgefieder nicht knallig rot, sondern etwas blasser als beim Buntspecht.

Das Trommeln hat bei den Spechten übrigens nichts mit Nahrungsbeschaffung zu tun – „Ich hack da jetzt mal rein, damit sich der Borkenkäfer schreckt und mir in den Schnabel springt" –, sondern dient wie bei den Menschen der Kommunikation. Es bedeutet in etwa: „Ich bin hier, das ist mein Revier, und ich hätte gerne Sex." Und dass sich die lässigste Band, die das wienerische Idiom nutzt, ohne enervierend nostalgisch, sentimental, strizzi- oder slackermäßig rüberzukommen, just Buntspecht nennt, spricht auch für den Vogel gleichen Namens.

Band-Video

STADT/LAND/BERG

DIE DOHLE

Nur um einem potenziellen Irrtum vorzubeugen: Dohle ist nicht gleich Dohle. Die Dohle, die einem am Ötscher-Gipfel die Jause stibitzt, hat mit der Dohle, die Krems in Angst und Schrecken versetzt, nichts zu tun. Das heißt, die beiden sind natürlich verwandt mitnand und Rabenvögel allesamt, gehören aber nicht der nämlichen Gattung an. Genau genommen befinden sie sich, was die innere Systematik der *Corvidae* anbelangt, an den jeweils äußersten Ästen des Stammbaums: Die Alpendohle, *Pyrrhocorax graculus*, gehört der Gattung der Bergkrähen an und ist näher mit den Rakettschwanzelstern verwandt, wohingegen die „kommune"

Innere Systematik

Grimmig entschlossen: die kommune Dohle

Dohle, *Corvus monedula,* – so wie auch Krähen und Raben – der Gattung *Corvus* zuzurechnen ist und den Eichelhäher zur unmittelbaren Verwandtschaft zählt.

Sie sind anhand ihres Habitats und ihres Aussehens aber recht leicht auseinanderzuhalten: Die Alpendohle hat einen gelben Schnabel und rötliche Beine, ist ansonsten aber einheitlich schwarz; die Dohle ist schwarz und grau. Von den Nebelkrähen wiederum, von denen sich das Gleiche behaupten lässt, unterscheidet sich die Dohle durch ihre geringere Körpergröße, den kürzeren, kompakten Schnabel, eine andere Schwarz-Grau-Verteilung sowie durch ihr vielleicht hervorstechendstes Merkmal, nämlich die wunderschönen wasserhellen Augen.

Nüchtern betrachtet

Ich erinnere mich an eine Zeitungsmeldung von einer „Dohlenplage" in Krems. Dass die Dohlen niederösterreichische Klein- und Mittelstädte terrorisieren würden, ist natürlich Quatsch, wobei der Begriff der „Plage" ja überhaupt sehr leger, um nicht zu sagen: hysterisch gebraucht wird. Ich jedenfalls bin für mein Lamento über die „Stinkwanzenplage" in meinem Schlafzimmer von Biologen und anderen Natur-Auskennern immer nur milde belächelt worden.

So wie Krähen sind auch Dohlen echte Städter. Der Erfahrung des FaVoWa nach sind etwa Danzig oder das irische Killarney fest in den Handschwingen der Dohlen, wohingegen sich diese in Wien meist als minoritärer Anteil von Krähenschwärmen bemerkbar machen. Und das nicht zuletzt akustisch. Dohlen krähen und krächzen nicht, sondern stoßen scharfkantige Laute aus, die man etwa mit „tschäck" verschriftlichen könnte, weswegen die Dohlen auf Englisch auch *jackdaws* genannt werden. Die despektierliche Bezeichnung „Hupfdohle" für Balletttänzerinnen scheint allerdings etwas weit hergeholt, denn das „Hupfen" ist Krähenart, wohingegen Dohlen eher schreiten oder laufen und dabei einen nicht ganz unkomischen Ausdruck grimmiger Entschlossenheit an den Tag legen.

Der Eichelhäher gilt als Polizist des Waldes

TOURETTE-SYNDROM
DER EICHELHÄHER

Mein Freund Leo begegnet auf seinen Laufrunden im Prater immer Eichelhähern, die er „besonders fett“ findet. Ich selbst bin entlang der Hauptallee, am Heustadl- und am Mauthnerwasser nur sehr, sehr vielen Spaziergängern begegnet, deren Body Mass Index ich keine besondere Beachtung geschenkt habe, und keinem einzigen Eichelhäher.

Ich fand die Spaziergänger-Eichelhäher-Balance echt nicht okay. Muss wirklich Tout Vienne am Sonntagmittag im Prater spazieren gehen? Warum zur Abwechslung nicht einmal die Shuttleworth- oder die Halban-Kurz-Straße nehmen, da hat‘s auch eine interessante Gegend! Und was wurde eigentlich aus dem dritten Sonntagsmittagsbier beim Wirten? Gibt’s am Ende nur noch Antialkoholiker? Ich mag die jedenfalls alle nicht. Blödes Pack. Und hässlich angezogen auch noch!

Falls Sie irritiert sind: Das ist nur Rollenprosa. Ich habe mich vorsätzlich in Rage geredet. Eichelhäher zählen zu den Singvögeln, und wie bei allen Rabenvögeln mag man das kaum glauben. Aber unter allen ihren Artgenossen sind die Eichelhäher meiner Wahrnehmung nach diejenigen, die am ärgsten schimpfen, quasi die Touretteler unter den *Corvidae*. Bei Cord Riechelmann kann man nachlesen, dass die Eichelhäher ihrer ziemlich „dirty" klingenden Warnrufe wegen auch als „Polizisten des Waldes" gelten, die eben nicht nur Artgenossen, sondern auch andere Vögel vor Katzen oder Habichten warnen. Oder vor dem FaVoWa, denn der hat, wenn er im Prater einen Eichelhäher hat schimpfen hören, noch nie eine Katze oder gar einen Habicht gesichtet.

Vogel-geschimpfe

Eichelhäher heißen so, weil sie im Herbst tatsächlich große Mengen an Eicheln sammeln und verstecken. Eine britische Studie hat ermittelt, dass es fünf von ihnen in einer Saison auf 200.000 Eicheln brachten. Davon kann man schon fett werden, zu fünft. Eichelhäher sind jedenfalls nicht ganz unimposant. Sie sind annähernd taubengroß und haben einen kräftigen Schnabel. Die Grundfarbe ist ein schönes, warmes Rotbeige.

Auffälligstes Asset indes sind die metallisch blau schimmernden Federn am Flügelbug, die sich auch als Hutschmuck großer Beliebtheit erfreu(t)en. Als Bub besaß ich einen Cordhut mit einer Eichelhäherfeder. Apropos Cord. Über das Eichelhähermännchen schreibt der bereits zitierte Cord Riechelmann auch noch, dass dieses in der Lage sei, „die aktuellen Futtervorlieben der Weibchen zu ermitteln, ohne dass die Weibchen ihnen ihre Laune mitgeteilt hätten. Die Männchen erleben ihre Partnerin als Wesen mit einem eigenen inneren Leben mit wechselnden Stimmungen." Ich muss gestehen, dass ich mich dem Eichelhäher manchmal sehr nahe fühle.

Hutschmuck

Von Pink Floyd besungen: der Eisvogel

EIN GOTTESBEWEIS
DER EISVOGEL

Vor einiger Zeit bin ich im Steinbruch Harzberg bei Bad Vöslau Clem begegnet, einem Buben, der dort, so wie ich und all die anderen mit Feldstechern und Teleobjektiven bewaffneten Menschen auf der Pirsch nach dem → Mauerläufer war. Wir haben ein bisschen Birdersmalltalk gemacht, mit unseren Erfolgen renommiert und uns entsprechende Fotos auf den Handys gezeigt. Dabei hat Clem eingestanden, dass ihm noch kein Eisvogelfoto geglückt sei, und ich musste all meine mir zu Gebote stehende Erwachsenenseriosität zusammenkratzen, um nicht mit „Hey, ICH hingegen: jede

Menge! Erst unlängst auf der Donauinsel, da schau mal!!“ herauszuplatzen.

Der britische Stand-up-Comedian und Birdwatcher Bill Bailey beschreibt in seinem „Remarkable Guide to British Birds“ eine Eisvogelsichtung wie folgt: „There was a sudden flash of movement across the river. A blur of bright orange and shimmering azure blue – an implausible amount of colour combined in one tiny whirring ball.“ Der Eisvogel ist fraglos ein in jeder Hinsicht flashiger Vogel, von flinkem Flug und fabulösem Farbdesign und, hey, die siebenfache Alliteration hat er sich voll verdient, denn jedes Mal, wenn ich einen sehe, werde ich zum Kreationisten.

„Ice Bird“

„Grantchester Meadows“

Auf Englisch heißt der Eisvogel übrigens *kingfisher* (so wie das bekannte indische Bier) und nicht „Ice Bird“, wie der Song von 5K HD nahelegt. Das ist jetzt natürlich kein Megafauxpas, man hätte es aber schon besser wissen und sich zum Beispiel an die schöne Textzeile „See the splashing of the kingfisher flashing to the water“ aus dem rein akustischen „Grantchester Meadows“ auf Pink Floyds Meisterwerk „Ummagumma“ (1969) erinnern können. Ich darf an dieser Stelle vielleicht anmerken, dass ich in Sachen Pink Floyd einige recht dezidierte Meinungen hege; nämlich die, dass man es a) mit der Mystifizierung von Syd Barrett nicht übertreiben soll (und David Gilmour schon sehr in Ordnung ist); dass b) „Dark Side of the Moon“ überschätzt wird und c) „Wish You Were Here“ das entschieden bessere Album ist, nach welchem es d) allerdings auch steil bergab ging; dass e) „We Don’t Need No Education“ eine echte Deppen-Nummer und f) Roger Waters ohnehin ein arroganter Affenarsch ist.

Sorry, musste auch einmal gesagt werden. Zum eigentlichen Thema zurückkehrend möchte ich nur noch anmerken, dass es durchaus nicht so schwer ist, eines Eisvogels ansichtig zu werden, wie Bill Bailey insinuiert. Denn auch wenn er gerne knapp über der Oberfläche von klaren und kleinfischführenden Gewässern dahinschießt, so verharrt er doch auch recht geduldig auf seiner exponierten Sitzwarte, wo man ihn bei seinen Tauchgängen beobachten und fotografieren kann. So wie eben unlängst auf dem der Donauinsel vorgelagerten Inselchen auf circa 48°12‘17.0“N 16°26‘41.8“E

Koordinaten

Es war übrigens tatsächlich ein Kingfisher, sprich: Männchen, denn die Mädels (quasi „Queenfisher“) weisen eine rote statt einer rein schwarzen Schnabelbasis auf. Und weil wir schon bei den Brits sind, soll abschließend noch darauf hingewiesen werden, dass die Eisvögel auch in Hinblick auf die zivilisatorische Großerrungenschaft des Queuing Top of the Pops sind: In den in die Steilwände aus Lehm oder Sand gegrabenen Bruthöhlen stellen sich die Nestlinge bei der Fütterung nämlich schön der Reihe nach an: Ein:e jede:r kommt dran!

SHE'S GOT DAVID BOWIE'S STYLE

DIE ELSTER

„Benzene eine Freude zu machen fällt nicht schwer. Ihre archaischen Vorlieben sind schlicht genug. Sie mag Musik, sie mag Männer, und sie verspeist gern kleine Tiere, die noch lebendig sind. Ich sorge für ein bisschen von allem.“ Das Buch, aus dem das Zitat stammt, trägt im englischen Original den pfiffigen Titel „Featherhood“, der – weil das Wortspiel im Deutschen nicht funktioniert – mit „Elsterjahre“ übersetzt wurde (obwohl „Elsternschaft“ die pfiffigere Option gewesen wäre). Charlie Gilmour (im Übrigen der Stiefsohn des Pink-Floyd-Gitarristen David Gilmour → Eisvogel) erzählt in dieser Autofiction nämlich nicht nur von Sohnesweglegung und Vatersuche, sondern auch von seiner

„Elsterjahre“

Abgebrühter als der Rabe, klüger als die Eule: die Elster

Beziehung zu Benzene, einer zahmen Elster, die sein Leben und seinen Haushalt gehörig durcheinanderbringt.

Elstern sind fraglos die Dandys unter den *Corvidae*. Wenn David Bowie, The Thin White Duke, ein Vogel wäre, dann, klarer Fall: Elster. Das betrifft freilich nur die flamboyant-elegante Erscheinung, nicht aber die Stimme, auch wenn die Elster nicht ganz so grauslich und wüst klingt wie der → Eichelhäher. Sie rattert und ratscht, schnarrt und knarrt, und es ist nicht schwer, sie auf den Feldern von Essling rein akustisch auszumachen.

Jahreszeit, Lichtverhältnisse und die elsterliche Angewohnheit, Distanz zu mit Feldstechern und Kameras behängten Herren zu halten, die durch die Fluren schnüren, verhinderten freilich, dass dem FaVoWa ein Foto gelungen wäre, das die optische Pracht dieses Vogels mit dem irisierend ölfilmgleich schimmernden Gefieder (hence the name Benzene!) einigermaßen adäquat wiedergeben würde.

Wie allen Rabenvögeln werden auch der Elster dämonische Kräfte zugeschrieben. „Sie ist abgebrühter als der → Rabe und klüger als jede Eule“, heißt es in dem Song „Magpie“ (so der englische Namen der Elster), der vom FaVoWas sehr verehrten Unthanks, in dem es auch darum geht, wie – gegen den ausdrücklichen Willen des Pfarrers – tätige Solidarität mit diesem Teufelsvogel geübt wird: „And we'll always leave out a little bit of meat / For the bird that's black and white.“

„Magpie“

KÄTZCHENKNABBERER
DER ERLENZEISIG

„Da war ein Vogel, und der war mit Gelb." Mit dieser Beschreibung kriegen Sie wahrscheinlich keinen Ornithologenjob und ernten in gewissen, vor Dünkelhaftigkeit nicht immer ganz gefeiten Birdwatcher-Kreisen eventuell mitleidige Blicke, aber das braucht Sie weiters nicht zu kümmern. Farbe ist nun einmal neben Größe, Stimme, Schnabelform, Habitat und, hehehe, Handschwingenprojektion ein auffälliges und wichtiges Bestimmungsmerkmal – es sei denn, man begibt sich auf das leider ziemlich weite Feld jener Vögel, die irgendwo zwischen Braun, Grau, Beige und verwaschen Gelblich-Grün liegen.

Vögel in einer Gruppe „Vögel mit Gelb" zusammenzufassen, ist taxonomisch nicht sehr professionell, aber durchaus hilfreich. Einhard Bezzels Büchlein „Unsere Vögel mit Farben bestimmen" listet lediglich ein Dutzend von ihnen auf, und da sind Kohl- und Blaumeise schon mit dabei.

Fangen wir klein an, genaugenommen mit dem Zweitkleinsten, dem Erlenzeisig (den Abschluss nach unten in der Stirnreihe bildet der → Girlitz). Der Erlenzeisig ist recht unschwer zu bestimmen, denn wenn man Schwärme von kleinen gelben Vögeln in Birken oder Erlen hängen und sehr geschickt an den Kätzchen und Zapfen knabbern sieht, dann handelt es sich mit ziemlicher Sicherheit um Erlenzeisige. Es gibt auch Birkenzeisige, aber die sind sehr ungelb (und ich habe noch nie einen gesehen).

Zeisige gehören zu den Finkenvögeln und haben einen Finkenschnabel. Von den anderen Finken mit Gelb unterscheidet sich der Erlenzeisig dadurch, dass er kein Rot und einen eher spitzen Schnabel hat sowie durch generell recht auffällige Schwarz-Gelb-Kontraste. Das

Wenn kleine, gelbe Vögel in Erlen hängen und geschickt an Kätzchen knabbern, handelt es sich sehr wahrscheinlich um Erlenzeisige

Männchen hat außerdem eine Art schwarzes Schiffchen auf dem Kopf.

Was die akustische Manifestation des Erlenzeisigs anbelangt, kann ich persönlich mit den Beschreibungen der Vogelgesangsverschriftlichungsfachkräfte – „zwei ähnliche zweisilbige Rufe mit charakteristischem Klang, einer absteigend und einer ansteigend ‚tiLÖ‘ und ‚tluÍH‘, gelegentlich abgebrochene, geradlinige Rufe, manchmal ersticktes, ratterndes ‚tetete‘“ – so viel anfangen wie mit einem Rubik’s Cube. Für mich klingt es durchgeknallt, hysterisch, clownesk – aber hören Sie selbst.

Zeisig-gesang

Klingt wie die Hupe eines Sowjet-Traktors: der Fasan

DUMM SCHMECKT GUT

DER FASAN

Der FaVoWa hat mit Haubenküche nicht übermäßig viel am Hut, aber aus gewöhnlich gut informierten Kreisen erfahren, sprich: zufällig beim Googeln entdeckt, dass „Die erste Wiener Wildwoche“ begonnen hat. Auf die erste Wildwoche werden weitere Wildwochen folgen, bis die Gansl-Zeit anbricht, die beiden Verzehrsaisonen sich überlappen, worauf schließlich der Advent sein garstiges und übelriechendes, von giftigen Punschschwaden umwabertes Haupt erhebt.

Im Unterschied zu dem ebenfalls der Familie der Glattfußhühner angehörenden Rebhuhn, dessen Bestand in den letzten zwei Jahrzehnten um 80 Prozent abgenommen hat, ist der Fasan selbst von solchen Tendenzen verschont geblieben und kann daher im Rahmen der ersten Wiener Wildwochen ohne schlechtes Gewissen verzehrt werden. Einer Webpage mit historischen Rezepten zufolge, die auch solche für Biberschwanz und Dachs aufführt, benötigt man für gedämpften Fasan ein Lorbeerblatt, zehn Pfefferkörner und vier Gewürznelken.

Historisches Kochrezept

Der Fasan, der in Großbritannien von den Römern eingeführt wurde, wird dort – dem waffen- und verkehrstechnologischen Stand entsprechend – seit Jahrhunderten erschossen und überfahren. Der vom FaVoWa überaus geschätzte englische Koch Hugh Fearnley-Whittingstall, seiner unzimperlichen Essgewohnheiten auch Hugh Fearlessly-Eatsitall genannt, hat sich mehrfach für die kulinarische Verwertung überfahrener Tiere (engl.: *roadkill)* ausgesprochen; ein Rezept für Flattened Pheasant ist dem FaVoWa leider nicht bekannt.

Roadkill

Mit seinem goldbraunen, in imposanten Schwanzfedern auslaufenden Gefieder und dem leuchtend roten Kopf sieht

Video

der (männliche) Fasan überaus prächtig aus. Laut Svensson ist er „recht scheu“, was ihm allerdings wenig nutzt, denn der Fasan ist dumm wie Brot (→ Kampfläufer) und hat die wichtige Lektion „How Not to Be Seen“ auch im Laufe von Jahrtausenden nicht gelernt. Er steht in Wald, Feld und Flur, macht „prööööt“ (was klingt wie die rostige Hupe eines Sowjet-Traktors) und auf sich aufmerksam. Danach wird er gefressen, erschossen oder überfahren.

BIRD ON ECSTACY
DIE FELDLERCHE

Als Bub habe ich mit Begeisterung „Stichquartett“ gespielt. Während es beim klassischen Quartett darum geht, die jeweils vier zusammengehörenden Karten zu sammeln, gilt es in der etwas aggressiveren Variante, die Karte des Visavis auszustechen, indem man diese mit der eigenen übertrumpft – weil zum Beispiel das Auto, das man gerade am Start hat, schneller ist, über einen größeren Hubraum verfügt oder sonst eine technische Spezifikation aufweist, die jene der Konkurrenz in den Schatten stellt.

Beim Flugzeugquartett gab es immer Gerät mit dem mysteriösen Akronym VTOL; was nichts anderes bedeutet als *Vertical Take-Off and Landing* und so genannte „Senkrechtstarter“ bezeichnet. Umgelegt auf die geflügelte Natur müsste die Feldlerche als VTOL-Vogel gelten, denn das Auffälligste an diesem optisch recht unspektakulären Vertreter des Teams LBJ *(Little Brown Jobs)* ist sein Singflug (der leider auch ein Sinkflug ist) und während dem das Lerchenmännchen in einer Höhe von 50 bis 100 Metern verharrt und sich einen abzwitschert, eine Tätigkeit die unter der onomatopoetischen Bezeichnung Tirilieren bekannt ist. Ein bisschen klingt eine Lerche wie ein Spielautomat in den Lüften. Man

Vogelinfo

Buchstäblich ein Senkrechtstarter: die Feldlerche

kann sie sich gut in einem der Filme von Hayao Miyazaki vorstellen – abzüglich der martialisch-sinistren Aspekte der Aeronautik, die bei Miyazaki auch immer eine Rolle spielen.

Trailer Film

„Hope is the things with feathers" heißt es in dem gleichnamigen Gedicht von Emily Dickinson, „That perches in the soul, / And sings the tune without the words, / And never stops at all". Wenn es eine Form gefiederter Euphorie gibt, dann ist es die Feldlerche. Der Spruch mit der → Schwalbe, die noch keinen Sommer mache, ist kompletter Cringe, weil die ja schon im April ankommt. Die Feldlerche hingegen ist ein wahrer Frühlingsbote, und wer im März über die Felder

– sagen wir: zwischen Zentralfriedhof und Oberlaa – zieht, muss schon arg schwerhörig oder hartherzig sein, um vom Gesang dieses munteren Vögelchens nicht erhoben zu werden.

Lerchengesang

Einige Pein vermag die Feldlerche freilich all jenen zu bereiten, die sie auch zu sehen begehren. Irgendwo aus dem bläuenden Firmament ertönt das aufgedrehte Zwitscherstakkato dieses Bird on Ecstacy, aber die Quelle des akustischen Ereignisses lässt sich ums Verrecken nicht ausmachen – weil man einfach nicht weiß, wohin genau man schauen und auf welchen nicht vorhandenen Punkt man scharf stellen soll. Dann muss man sich eben wieder an den Vogel Hoffnung wenden: „And sweetest in the gale is heard; / And sore must be the storm / That could abash the little bird / That kept so many warm // I've heard it in the chillest land / And on the strangest sea; / Yet never, in extremity, / It asked a crumb of me."

WER SÄGT DENN DA?
DER GÄNSESÄGER

Meine Besuchsbilanz im Österreichischen Filmmuseum konnte ich gegen Ende des Jahres 2022 wieder ein bisschen auffetten. Ich habe mir dort zwei Kurzfilmprogramme des grandiosen schwedischen Dokumentaristen Arne Sucksdorff (1917–2001) angesehen, der für seinen Kurzfilm „Människor i stad" (1947) 1948 als erster schwedischer Regisseur mit einem Oscar ausgezeichnet wurde.

Zu sehen war in besagter Auswahl auch der Heringsmöwenhorrorschocker „Trut!". „Trut" heißt auf Deutsch → „Möwe", und gezeigt wird deren räuberisches Treiben, dem unter anderem die Eier und Küken der Trottellumme zum Opfer fallen. Als hätten diese Alkenvögel mit dem

Der Gänsesäger taucht bis zu zehn Metern nach kleinen Fischen

herzzerreißenden Schauspiel des Lummensprungs – bei dem die noch flugunfähigen Küken aus großer Höhe von Felsnischen Richtung Meer stürzen und günstigstenfalls weder zerschellen noch gefressen werden – nicht schon genug Drama in ihrem Leben, erweisen sie sich gegenüber den → Möwen auch noch als vollkommen hilflos. Die Trottellummen haben eindeutig zu wenig Western und Samurai-Filme (→ Reiherente) gesehen.

Lummensprung

In „Trut!" ist allerdings – womit wir nach dieser epischen Exposition endlich zum eigentlichen Vogel kommen – auch eine Gänsesägermutter mit ihren Küken zu sehen. Der Anblick, wie die Kleinen ihrer Mama hinterherpaddeln oder deren Rücken als Gefährt nutzen, zählt zu den rührendsten

Muttertagsmotiv

Szenen der Vogelwelt und stellt mein bevorzugtes ornithologisches Muttertagsmotiv dar.

Der Name des Gänsesägers gibt Rätsel beziehungsweise wirft die bange Frage auf, ob die Gans im Namen nun Subjekt oder Objekt ist. Zersägt der Gänsesäger Gänse oder ist er eine Gans, die sägt? Genau genommen: weder noch. Gänsesäger sind nämlich eine fischverzehrende Vogelart, und hier kommen auch die Sägezähne ins Spiel, die dem Gänsesäger im Schnabel sitzen. Mit dieser Ausrüstung taucht er bis zu zehn Meter tief nach kleinen Fischen, von denen er täglich etwa 30 Deka frisst.

Wird man auf der (Neuen) Donau eines schwimmenden Vogels ansichtig, der deutlich größer als eine Stockente und deutlich kleiner als ein Schwan ist, hat man mit einiger Wahrscheinlichkeit einen Gänsesäger vor sich. Sieht dieser auch noch ziemlich stromlinienförmig aus und verfügt über einen Hakenschnabel, nähert man sich der 100-Prozent-Marke. Ist der Kopf braun, handelt es sich um ein Weibchen, ist er schwarz und grünlich-schillernd, um ein Männchen.

AUCH IM FLACHLAND ZU FINDEN
DIE GEBIRGSSTELZE

„Wag the Dog“

„Wag the Dog“ lautet die englische Version des Satzes „Wenn der Schwanz mit dem Hund wedelt“ und es ist, by the way, auch der Titel einer sehenswerten Filmpolitsatire von Barry Levinson (mit Robert De Niro und Dustin Hoffman) aus dem Jahr 1997. *Wagtail* wiederum lautet die englischsprachige Bezeichnung für die → Bachstelze. Wenn es einen Vogel mit einem noch wippfreudigeren Schwanz gibt, dann ist das die Gebirgsstelze. Das fällt auch deswegen besonders auf, weil diese noch „geringfügig langschwänziger“ ist als ihre Ver-

Die Gebirgsstelze ist mit Gelb und
einem besonders wippfreudigen Schwanz versehen

wandte (wie es auf Wikipedia so schön heißt), sprich: der halbe Vogel besteht aus Schwanz.

Die Gebirgsstelze sieht in etwa so aus wie eine Bachstelze, die man auf der Brust und am Bürzel ein bisschen bis ordentlich gelb angehieselt hat (je nachdem, ob es sich um einen Jungvogel, ein Weibchen oder ein Männchen im Prachtkleid handelt). Warum sie auf Englisch ausgerechnet *European grey wagtail* heißt, wissen nur die Taxonomen, die sich diesen Unfug ausgeheckt haben. Es macht jedenfalls absolut keinen Sinn, die gelbe Version eines ziemlich grauen Vogels extrig als „grau" zu bezeichnen.

Der deutsche Namen für *Motacilla cinerea* wiederum gibt das nächste Rätsel auf: Warum nennt man einen Vogel, den man auch in einer Stadt wie Wien (die sich bekanntlich an ihrer höchsten Erhebung gerade einmal zu

Hermanns-
kogel

544 Metern aufzuschwingen vermag) verlässlich antrifft, ausgerechnet „Gebirgsstelze“? Diese Frage lässt sich schon leichter beantworten: Die Gebirgsstelze war ursprünglich eine Mittelgebirgsbewohnerin und hat ihr Habitat Mitte des 19. Jahrhunderts in Richtung Ebene ausgeweitet. Die Sichtung dieses alerten Insektenjägers ist übrigens insofern ein gutes Omen, als die Gebirgsstelze als „Indikatorart“ gilt, deren Präsenz auf saubere Gewässer schließen lässt.

RÖTER WIRD'S NIMMER
DER GIMPEL

Eine kleine Radexpedition im rechtsufrigen Bereich des Nationalparks Donau-Auen zeitigte zwar nicht die erhofften Greifvogelsichtungen (→ Seeadler), aber unter den endemischen Wasservögeln wie Stockenten und Kormoranen konnte der FaVoWa immerhin ein Paar → Schellenten entdecken.

Als eigentliche „Entdeckung“ des Tages aber erwies sich eine Gruppe von zwar kleinen, aufgrund ihrer Farbe und kompakten Gestalt allerdings recht auffälligen Vögel, die im Englischen nicht grundlos als *bullfinches* bezeichnet werden. Es handelt sich also um jene Finkenart, über die in dem sehr knapp gehaltenen Eintrag „Finken“ in der „Kritik der Vögel“ von Jürgen und Thomas Roth zu lesen ist: „Bei dem einen meinst, er ist ein Kardinal. Oder Probst, mit rotem Gewand. Der flötet wie ein dicker Flötist.“

Das Rot des männlichen Gimpels (das Weibchen ist von einem allenfalls rötlich überhauchten Grau) entspricht in seiner CMYK-Zusammensetzung zwar durchaus nicht exakt dem Kardinalrot (sondern enthält höhere Yellow- und geringere Cyan-Anteile), der gesetzt-klerikale Habitus

Farbton

Seines gesetzt-klerikalen Habitus
wegen wird der Gimpel auch Dompfaff genannt

aber ist sehr gut nachvollziehbar, weswegen der Gimpel auch als „Dompfaff“ bezeichnet wird. Für den FaVoWa, der weder über Garten noch Balkon verfügt, ist er der seltenste Allerweltsvogel der Stadt. Dass er bei der alljährlichen Zählung „Stunde der Wintervögel“ 2023 in Wiens Gärten weit abgeschlagen auf Platz 35 landete, sagt schon alles.

Der Girlitz ist die kleinste europäische Finkenart

GEMOBBT IN KÄRNTEN
DER GIRLITZ

Also eigentlich hätte ich mir das so vorgestellt, dass die Vögel mit Gelb in Stirnreihe (→ Erlenzeisig) Aufstellung nehmen und dann vom kleinsten bis zum größten vorgestellt werden. Abgesehen davon, dass die Disziplinierungspraxis der Stirnreihe nicht besonders sympathisch und hoffentlich längst obsolet geworden ist, scheiterte das Vorhaben daran, dass sich der Kleinste rarmachte und der FaVoWa dazu neigt, diesen mit der Goldammer zu verwechseln. Den Unterschied zwischen Ammern- und Finkenschnabel möchte er jedenfalls Klavierspielen können.

Stirnreihe

Der Girlitz ist mit etwas mehr als zehn Zentimetern Länge und zehn Gramm Gewicht nicht nur kleiner als die

→ Goldammer, sondern überhaupt die kleinste europäische Finkenart. Er hat einen hellen Überaugenstreif, der sich um die dunklen Ohrendecken halbkreisförmig bis zur gelben Halsseite hin zieht. Außerdem tönt er anders als die Goldammer, nämlich nicht „si-si-si-si-si-si-SÜÜÜ", sondern „zir'r'r'rl". So steht's jedenfalls im Svensson. Wem das zu abstrakt ist: Der Girlitz-Ruf wird auch gerne mit Glas, einem klirrenden Schlüsselbund oder einer quietschenden Fahrradkette assoziiert. Hätte, hätte, Fahrradkette!

Wie viele andere Österreicher auch hängt der Girlitz gerne in Italien oder Griechenland ab, tut das aber vernünftigerweise nicht ausgerechnet im Hochsommer, sondern erst im Herbst. Es geht dem Girlitz aber trotzdem nicht gut. Der Bestand hat zwischen 1998 und 2016 um 80 Prozent abgenommen. Schuld daran sind die üblichen Verdächtigen: Bodenversiegelung und „unkrautfreie" Rasenödnis. Richtiggehend weggemobbt wurde der Girlitz in Kärnten, wo man ihm mit Schmähversen das Leben vergällt hat: „Der Girlitz von der Gerlitzen / Der soll sich verzupfen / Der braucht sich da nicht hersitzen." Kärnten kann so grausam sein!

BEETHOVENS UNSICHERE MUSE
DIE GOLDAMMER

Unlängst heischte eine Freundin Ferndiagnose aufgrund des Tatbestandes „Bauch sehr rot und sehr gelb. Nicht klein". Entweder sei da jemandem ein Papagei entflogen oder es liege an dem Zeug, das sie eingeworfen habe, war meine Antwort. Gelb plus Rot ergibt in unseren Breiten eigentlich immer → Stieglitz, und keine dieser Farben findet sich am Bauch. Was aber, wenn die Frage: „Ziemlich gelb und eher klein" gelautet hätte?

Die Goldammer: „Wie-wie-hab-ich-dich-lieb“

In diesem Falle wird's etwas unübersichtlich. Neben → Blau- und Kohlmeise, → Erlenzeisig und → Girlitz käme vor allem die Goldammer in Frage. Die Goldammer hat eine insgesamt ziemlich gelbe Anmutung, auch wenn sie art-, also ammerngemäß braun überhaucht und gestreift und gestrichelt ist. Kennzeichnend allenfalls das Fehlen von harten Gelb-Schwarz-Kontrasten, wie man sie beim → Erlenzeisig findet.

„Paarungs- und Brutverhalten sind ohne besonderen Befund, die Ernährungsweise ist angemessen, der Gesang charakteristisch, einprägsam, doch dabei von robuster Repetitivität, ohne größere Variation und Innovation, Rafinesse und Meisterschaft" – so urteilen Jürgen und Thomas Roth in ihrer „Kritik der Vögel".

Die Goldammer ist also ein klassischer Allerweltsvogel, fast überall anzutreffen, gerne auch in Gruppen und Schwärmen, nicht übermäßig scheu. Hin und wieder wird die Goldammer auch als Inspirationsquelle für die Eingangstakte von Beethovens Fünfter ins Spiel gebracht, so wie auch der Ruf des heute wesentlich rareren Ortolan. Überzeugend ist beides nicht, aber mit der beliebten akustischen Eselsbrücke „Wie-wie-hab-ich-dich-lieb" kann man sich den Ruf der Goldammer ganz gut einprägen.

5. Beethoven

Im Englischen sticht die Goldammer immerhin durch ihren Namen aus der Ammernschar heraus. Die werden eigentlich als *buntings* bezeichnet, die Goldammer aber wird gemeinhin einfach *yellowhammer* genannt. Hammervogel!

PROGRESSIVE ERZIEHUNG
DIE GRAUGANS

Haben Sie's gehört? Wussten Sie es schon? / Es herrscht Gänsealarm in Leopoldskron! / Grauganssalarm, um genau zu sein. / Die fressen dort Gras – ja, was bilden die sich ein? / Die Wiesen sind kahl / Die Wege sind verschissen / Der Mayr-Melnhof Max meint: / „Mia wean's vergrämen müssen!"

Graugans-vergrämung

Das wäre mein Protestlied in Sachen Grauganssvergrämungsbedarfsanmeldung. Vorerst gibt es halt nur diese paar Zeilen. Ich stelle sie aber gerne jeder und jedem zur Verfügung, die/der sie haben mag und eventuell vertonen wollte. Würde mich freuen. Ich will mich auch gar nicht lustig machen über die Besorgnisse von Bürgern, Bauern, Edelmännern – allenfalls ein bisschen. Wo Gras wächst und Graugans lebt, da wird natürlich auch ordentlich was weggekotet. So ist der Lauf der Natur. Die Salzburger scheint das zu überraschen und zu echauffieren, in weiter östlich gelegenen Bundesländern ist man da etwas gelassener; kein Wunder, dass es die Graugans – die haltbare zumal – nach Osten zieht (wir kommen später noch darauf zurück).

Tatsächlich geht den meisten noch nicht vollkommen verbiesterten Menschen das Herz auf, wenn sie Grauganseltern mit den Gösseln (so nennt man die Jungen), Straßen queren und Badeausflüge unternehmen sehen. Einzelne Elternteile – und als solche fungieren unter *Anser anser* auch schwule Paare – betreuen dabei ganze Kindergruppen. Erziehungstechnisch sind Graugänse also ziemlich progressiv (auch wenn sich seinerzeit ein Nazi-gone-Nobelpreisträger unter sie geschummelt hat, um ihr Verhalten zu studieren).

Ob die vom Salzburger Landesjägermeister Maximilian Meyr-Melnhof mit hilfszeitswortschwerem Zungenschlag vorgeschlagene Strategie – „Aber das soll auch nicht einfach

Zerreißt der Sau das Maul: die Graugans

sein, weil es soll auch ein Vergrämungseffekt sein. Es wird natürlich ein Tohuwabohu sein: Die Altgänse werden sich ärgern. Aber sie werden dann diese Flächen mehrheitlich meiden" – verfangen wird, bleibt anzuzweifeln. Denn wie man aus dem von Bertolt Brecht verfassten und von Hanns Eisler komponierten Lied „Die haltbare Graugans" weiß, ist diese ein besonders zäher Brocken, der der Sau das Maul zerreißt und der Mühle den Radkasten sprengt – um dann „mit Quong, Quong" gen Osten zu flattern: „Ja, ja, ja, ja, ja, ja, ja, ja."

„Die haltbare Graugans"

Hat beim Fliegen einen Knick im Hals: der Graureiher

FLOTT MIT DER HARPUNE

DER GRAUREIHER

Vor einiger Zeit erreichte den FaVoWa ein Tweet mit einem kurzen Film, in der ein großer, langbeiniger, grauer Vogel ein sichtlich urbanes Areal abschritt. Die Begleitfrage dazu lautete: „Ist das ein Kranich, und warum ist der da, und braucht er Hilfe?“ Die Antwort lautete: „Nein, das ist ein Graureiher, der lebt hier, und es geht ihm vermutlich bestens.“

Die Kranich-Assoziation war natürlich nicht falsch, denn in der Tat handelt es sich bei beiden um auffällig große, schlanke Vögel mit langen Beinen und langen (Reiher) bzw. mittellangen (Kranich) Schnäbeln.

Die Wahrscheinlichkeit, in Wien einem einzelnen Kranich zu begegnen, geht allerdings Richtung null. Gute Chancen, das hupende und trötende Kollektiv in Tausendschaften zu sichten, hat man im Herbst, wenn die ziehenden Geschwader auf ihrem Weg nach Süden am Neusiedler See Station machen. Graureiher hingegen, die eher ein indigniertes, leicht tourettеartig anmutendes Gekeife von sich geben, bekommt man in der Stadt bald einmal zu Gesicht: im Wienfluss und im Stadt-, Türkenschanz- oder Wertheimsteinpark, am Donaukanal und auf der Donauinsel, im Prater und ganz sicher im Wasserpark am Hubertusdamm, wo sich Wiens einzige Graureiherkolonie befindet.

Reiher-gekeife

Wasserpark

So wie auch die Dommeln und die Störche zählen Reiher zu den Schreitvögeln. Etwa gleich groß wie Letztere kann man Reiher im Flug von den → Störchen – egal, ob Weiß- oder Schwarzstorch – dadurch unterscheiden, dass diese ihren Hals durchstrecken, wohingegen Grau-, → Silber-, Purpur-, Kuh- und Seidenreiher einen Knick wie ein Abflussrohr, eleganter ausgedrückt: einen Bug haben. Oft kann man Graureiher sehr konzentriert durchs Wasser schreiten und mit seinem Schnabel blitzschnell nach Fischen oder

Wartet auf seiner Warte und schnappt
sich Insekten im Flug: der Grauschnäpper

Fröschen harpunieren sehen. Er frisst aber auch Schlangen, Mäuse, Eier oder Jungvögel, weswegen er von den Krähen gerne vermöbelt wird.

Unter den zahlreichen Popbands, deren Namen sich von Vogelarten ableiten, finden sich keine, die nach den Graureihern benannt wären; allerdings verbirgt er sich hinter dem Bindestrich des Funk-Musikers Gil Scott-Heron – denn genau so heißt der Graureiher auf Englisch: *heron*.

MITUNTER AUCH UNGRAU
DER GRAUSCHNÄPPER

Vogelbeobachtungstechnisch war der Ausflug an die Donau eher ein Schlag ins Wasser gewesen: Der → Pirol ließ sich nur einmal zart von ferne vernehmen, und die → Bienenfresser hatten sich von Haslau bis in die Lobau weder hören noch blicken lassen.

Die Radroute kann ich dennoch vorbehaltlos empfehlen: mit der Schnellbahn (S7 Richtung Wolfsthal) nach Regelsbrunn; dort über Bauernzeile (oder Donaulände) und Fischerzeile zum Donaualtarm, den man über einen Steg quert, um ans Donauufer zu gelangen, wo man den Treppelweg entlang bis zur Anlegestelle Haslau radelt und 0664 42 10 058 wählt, um sich mit der Fähre nach Orth an der Donau übersetzen zu lassen.

Don't drink and drive

Dort könnte man im Uferhaus ein Fischlein und die ein oder andere Bouteille zu sich nehmen, um Stunden später nach Regelsbrunn zurückzuzuradeln, aber, hey: don't drink and drive! Ganz entschieden anraten möchte ich hingegen zu einem Besuch des schlossORTH Nationalpark-Zentrum (so die offizielle Schreibweise), wo man sich über die tektonische Beschaffenheit der Donauauen sowie deren Flora

National-park Donau-Auen

und Fauna informieren kann, und wo auf dem Turm des Schlosses ein Weißstorch in seinem Horst hockt.

Das Areal ist, wie mein Radl- und Vogerlbeobachtungsspezl Leo mit nicht nachlassender Begeisterung betonen wird, „irrsinnig liab" gemacht. Ich kann das nach wiederholtem Besuch nur bestätigen. Ziesel huschen aus ihren Höhlen; Ringelnattern schlängeln sich durchs Gras; Sumpfschildkröten dümpeln im Tümpel; Hirschkäfer sitzen am Hirschkäferrastplatz; und die Fische, die im Teich (beziehungsweise in den Donauauen) leben, kann man von einer begehbaren Unterwasserbeobachtungsstation aus, ja, genau: beobachten.

Beim Verlassen des Nationalpark-Zentrums stoßen wir auf den Vogel. Er sitzt schön exponiert auf seiner Warte (einem Ast), startet von dort seinen Verfolgungsflug, schnappt sich das Insekt, kehrt auf dieselbe Warte zurück. Just dieses im Svensson als typisch beschriebene Verhalten weist ihn auch als Grauschnäpper aus. Deutlicher jedenfalls als sein Farbe, die bei diesem Exemplar ziemlich braun ausfällt. Der „Braunschnäpper", den es auch gibt, ist übrigens um nichts brauner als der Grauschnäpper, eher grauer als dieser.

Eigentlich sieht der Grauschnäpper der an anderer Stelle geradezu episch besungenen → Nachtigall gar nicht so unähnlich. Tatsächlich ist es auch so, dass die Nachtigall aufgrund molekularbiologischer Daten erst vor gar nicht so langer Zeit von den Drosseln *(Turdidae)* zu den Fliegenschnäppern *(Musciapidae)* verschoben wurde und das, obwohl sie gar nicht „schnappt", sprich: Insekten im Flug erbeutet. Der FaVoWa hingegen begab sich zwecks Nahrungsaufnahme zu Hermis Radlertreff „zur Beichtmutter", die er als Labestation nur wärmstens empfehlen kann. Es gibt zahlreiche, sogar alkoholfreie Getränke und eine gigantische Wurstauswahl.

„Zur Beichtmutter"

TRAURIGER GEWINNER

DER GROSSE BRACHVOGEL

Zweimal im Jahr pflege ich einen Wochenendurlaub im burgenländischen Ort Illmitz zu verbringen. Meine Frau kommt mit und tut freundlicherweise so, als würde sie sich für Vögel und Wurstwaren interessieren. Vögel und Wurstwaren sind in Illmitz das große Ding. Den Wurstwaren geht's derzeit freilich um vieles besser.

Fleischerei

In letzter Zeit sind meine Illmitz-Wochenenden wegen diverser Lockdowns wiederholt ins Wasser gefallen; wobei diese Phrase in diesem Zusammenhang wirklich nicht angebracht ist.

Das bekannteste Beispiel für die ruinösen Auswirkungen des Klimawandels auf den Seewinkel ist das Austrocknen des Zicksees bei St. Andrä. Tatsächlich betrifft diese Entwicklung keineswegs nur den Zicksee. Von den Aussichtswarten, von denen man wenige Monate zuvor noch das rege avifaunische Treiben an der Zicklacke oder am Oberen und Unteren Stinkersee beobachten konnte, blickt man auf ausgetrocknete Böden. Selbst der verlässliche Darscho, an dessen Ufern Alpenstrandläufer, Flussregenpfeifer & Co. zu wuseln pflegten, ist vollständig ausgetrocknet: ein grausam zerklüftetes Stück Erde, auf dem ein paar Graugänse hockten.

Männer mehr oder weniger fortgeschrittenen Alters mit mehr oder weniger großen Teleobjektiven sah man unschön abstehen vom Erdenrund und fassungslos in die Landschaft blicken. Einer davon war ich, der andere aus Kirchdorf an der Krems. Noch nie hatten wir im Seewinkel um diese Zeit so wenig Vögel gesehen. Der (fast) einzige Lichtblick an diesem Wochenende eröffnete sich in den Weingärten westlich vom Darscho. Dort pfoff es nämlich.

Der wehmütige Ruf des Großen Brachvogels geht zu Herzen

In Weingärten ist man hauptsächlich auf → Stare, → Krähen, → Turmfalken und Rohrweihen gefasst, auf Bluthänflinge oder Ammern und, etwas früher im Jahr, eventuell auf → Wiedehöpfe. Dieses sehr spezifische Pfeifen aber kündete von einem Vogel, der eigentlich ein bissl bizarr und zugleich sehr elegant und würdevoll aussieht: dem Großen Brachvogel.

Der Große Brachvogel, der eine Flügelspannweite von bis zu einem Meter aufweist, hat einen langen, einen sehr langen Schnabel, der – im Unterschied zu anderen Schnepfenvögeln – deutlich abwärts gebogen ist. Er ist beim Weibchen, das größer ist als das Männchen, übrigens noch länger und stärker gekrümmt und ein hervorragendes Werkzeug, um Schnecken aus ihren Häusern und Muscheln aus ihren Schalen zu pinzettieren.

Birdlife Info

Der Bestand des Brachvogels in Oberösterreich hat gerade ein Hoch erreicht (der Mann aus Kirchberg an der Krems hätte also nicht eigens ins Burgenland reisen müssen). Dennoch klingt der Brachvogel wehmütig, sein Ruf geht zu Herzen. Das ist wohl auch der Grund dafür, dass sich eine britische Free Jazz Band nach dem Großen Brachvogel benannt hat, der auf Englisch *curlew* heißt. Wundert es uns, dass auch die britische Band Grasscut die Rufe der Brachvögel entlang der Flussmündung in ihrem wunderschönen Song „Curlews“ mit großer Emphase besingt? Es wundert uns keineswegs.

„Curlews“

Der Grünfink wird von Parasiten gepeinigt
und hat verständlicherweise schlechte Laune

AUS GUTEN GRÜNDEN MÜRRISCH
DER GRÜNFINK

23.464 Teilnehmer- und Beobachter:innen in 18.876 Gärten haben bei der letzten, von Birdlife Österreich unter dem Motto „Stunde der Wintervögel" initiierten und durchgeführten Vogelvolkszählung pro Garten bloß 0,75 Grünfinken gezählt. Damit kommt der aus leicht zu durchschauenden Gründen auch „Grünling" genannte Vogel in der fringillidaeinternen Wertung – hinter Buch- und Distelfink (vulgo → Stieglitz), aber noch vor → Bergfink, → Kernbeißer, → Girlitz oder Fichtenkreuzschnabel – grad noch unter die Top Ten, befindet sich aber klar auf dem absteigenden Ast (um es mal mit einer unschön stimmigen Metapher zu sagen).

Es ist schon ziemlich deprimierend, dass das Grünfinkensterben jetzt schon ziemlich genau ein Jahrzehnt andauert. Ursache ist die Trichomoniasis, eine Parasitenkrankheit, die offenbar ausschließlich den Grünfink befällt. Dabei hat es *Chloris chloris* ohnedies schon schwer, denn, mal ehrlich: In der Finkenfamilie ist der Grünling mit seiner mittelmäßigen Farbenpracht doch ein bissl der blasse Bruder, der gerne übersehen wird: Weniger flamboyant als *Carduelis carduelis* und sogar als *Fringilla coelebs* und entschieden weniger imposant als *Coccothraustes coccothraustes* sitzt er da wie ein mürrischer Lodenmantelträger und schaut drein, als hätte ihm jemand in seinen Ausseer Hut geschissen.

Trichomoniasis

Apropos blass. Mit einem der aufmerksamsten Leser, meinem Freund Georg, der nicht müde wird, eine eingehendere Befassung mit Prachtfinken, insbesondere der Blasskopfnonne, einzumahnen, habe ich unlängst einen kleinen Stadtspaziergang unternommen. Ausgangspunkt war die G'stätt'n und Geländekante der auch historisch hochinteressanten Stadtwildnis Erdberg, die ich erst unlängst entdeckt habe. Von dort aus kann man unter der Südosttangente und entlang von Wurstgewürz- und Rollgitterfabriken recht pittoreske Spaziergänge auf den Laaer Berg unternehmen.

Stadtwildnis Erdberg

Auf dem Areal zwischen Maisel- und Baumgasse wurde darüber hinaus von den Anrainern – offenbar ein bisschen im Sinne der Siedlerbewegung des Roten Wien – eine wilde Katzeneigenheimagglomeration errichtet. Nun ist die genannte G'stätt'n naturgemäß auch das Habitat diverser Vögel, deren Populationen drastisch zurückgehen, wozu die Hauskatze bekanntlich mehr als nur ein Scherflein beiträgt. In Erdberg scheint es aber zu einer halbwegs gewaltfreien Kohabitation gekommen zu sein. Ich habe dort einige Grünfinken gesichtet. Aber natürlich haben die wieder ziemlich angefressen dreingeschaut.

Siedlerbewegung

GELÄCHTER AUF DER STREUOBSTWIESE
DER GRÜNSPECHT

„Gibt es eigentlich jemanden, der Spechte nicht mag? Ich kann es mir nicht vorstellen.“ Das war der Satz, mit dem ich eigentlich beginnen wollte, ehe ich der Begrenztheit meiner Vorstellungskraft inne wurde. Natürlich gibt es. Häuslbauer und Imker zum Beispiel. Spechte lieben es nämlich, Styropordämmungen aufzuhacken, was von den Menschen, die die entsprechenden Häuser bewohnen, durchaus nachvollziehbarerweise unter der Kategorie Spechtschäden verbucht wird.

Specht-schäden

Der FaVoWa hingegen findet diese Form der Hausbesetzung pfiffig und amüsant. Wer das Loch in der Fassade dann tatsächlich bezieht, ist übrigens noch einmal eine andere Frage. Erst unlängst habe ich in Favoriten beobachtet, dass sich → Stare eine Mansardenwohnung eingerichtet haben, wobei es durchaus denkbar ist, dass die eigentlichen Exkavationsarbeiten von Spechten erledigt wurden.

Star-wohnung

Die Imker wiederum hassen den Grünspecht so wie die Fischer den → Kormoran, weil der einen Beutekonkurrent insofern darstellt, als er den Imker daran hindert, die Bienen auszubeuten und ihrer Arbeitskraft Mehrwert abzupressen – und zwar dadurch, dass er sie ihm einfach weghabert. Dazu ist der Grünspecht in hervorragender Weise geeignet und ausgestattet: mit einem langen Schnabel, den er als Meißel, Axt, Krampen oder Zange einsetzt, und einer zehn Zentimeter langen, mit Widerhaken besetzten Zunge, mit der er das Getier, an das er sich herangeklopft hat, aus seinen Löchern, Spalten und Ritzen stibitzt – vorzugsweise Ameisen. Um an seine Lieblingsnahrung heranzukommen, hackt der Grünspecht auch Tunnel in den Schnee. Und weil Ameisen hauptsächlich am Boden leben, zählt der Grün-

Hackt auch im Schnee nach Ameisen: der Grünspecht

specht zu den Bodenspechten. Eines seiner bevorzugten Habitate ist die Streuobstwiese.

Die deutsche Journalistin und Autorin Johanna Romberg hatte von Kindesbeinen an ein Faible für Spechte, weswegen das Cover ihres formidablen Buches „Federnlesen" auch ein Grünspecht ziert. Diese Vorliebe rührt vermutlich auch daher, dass Spechte ziemlich gut sicht- und hörbar und ergo sehr leicht zu identifizieren sind. Der Grünspecht vor allem durch sein lautes Lachen, das Romberg mit „Hoihoihoihoihoihoi" transliteriert. Bei Svensson macht der selbe Vogel „klüh-klüh-klü-klü-klü-klü-klü-klü", ich neige zu „kjüll-kjüll ...", mag mich da aber nicht unnötig weit aus dem Fenster lehnen. So oder so: Lautes Lachen ist eine zutreffende Charakterisierung.

Komik
Video

Apropos Lachen. Im Französischen heißt der Specht *pivert*, und Victor Pivert heißt auch die vom Komiker Louis de Funès in „Die Abenteuer des Rabbi Jacob" verkörperte Figur: „Pivert – comme l'oiseau!".

KLINGT FRÖHLICHER, ALS SIE SCHAUT
DIE HAUBENLERCHE

Sieht man vom Gesang der → Amsel ab, gibt es nur wenig, was im Frühjahr die Laune so hebt wie der Gesang der Lerche. Die Lerche, das ist der Vogel, die Lärche ist der Baum (orthografische Merkhilfe: die „ä"-Pünktchen gleichen den Nadeln des Baumes, na ja). Dass eine Lerche auf einer Lärche hockt, ist ziemlich unwahrscheinlich, denn die Lerchen sind nicht in Lärchen- oder sonstigen Wäldern zuhause, sondern Bodenbewohner offener Landschaften.

Der euphorische und euphorisierende Gesang der → Feldlerche wird treffend als „Jubilieren" und „Tirilieren" bezeichnet, und weil sie das kann und eine Gaudi hat da-

In der Seestadt anzutreffen: die Haubenlerche

bei, tiriliert und jubiliert die Lerche, während sie von Acker, Wiese, Feld und Flur bis zu 150 Meter hoch in die Lüfte steigt und dort verharrt, den Singflug schließlich beendet, indem sie wieder zu Boden sinkt.

Das gilt im Wesentlichen auch für die Haubenlerche, die allerdings den ein oder anderen Zentimeter größer ist als die Feldlerche und eine deutlich sichtbare, federkronenartige Haube aufhat. Außerdem ist der Schnabel der Haubenlerche etwas länger, was ihr eine leicht ennuyierte Physiognomie verleiht. Die europäische Gesamtpopulation der Haubenlerche ist seit 1980 drastisch gesunken, in Deutschland gilt sie als vom Aussterben bedroht. Dabei sind Städte gar kein schlechtes Habitat für sie. In Wien trifft man sie recht verlässlich in der Seestadt an.

Trauriger Rückgang

VOGEL MIT FRISUR

DER HAUBENTAUCHER

Die Frage „Was bist du denn für ein Vogel?“ ist in den seltensten Fällen wortwörtlich und in der Regel aber abschätzig gemeint. Manchmal weiß es das Gegenüber aber auch ganz genau. Als wir uns nach längerer Zeit in der Evangelischen Akademie Bad Tutzing begegneten, meinte eine Bekannte, dass ich mit meiner für sie offenbar neuen Frisur aussähe „wie ein balzender Haubentaucher“.

Ich kann es übrigens sehr empfehlen, sich von der Evangelischen Akademie Bad Tutzing einladen zu lassen, denn Schloss Tutzing samt den darin untergebrachten Hotelräumlichkeiten ist ganz wunderbar. Es liegt sehr malerisch am Ufer des Starnberger Sees – das ist der, in dem sich der narrische Bayernkönig Ludwig II. versenkt hat. Darüber hinaus ist der Haubentaucher dort die häufigste Lappentaucherart.

„Ludwig II.“

Balzen besser als die meisten Menschen:
Haubentaucher und -taucherin

Das gilt freilich für die meisten Seen, gewiss auch für den Bodensee. Die Literaturwissenschaftlerin und Schriftstellerin Ulrike Längle stammt vom Bodensee, ich gehe also davon aus, dass ihr Frisurenvergleich auf solider Beobachtungsevidenz basiert, und wäre ohnedies der Letzte, mich gegen einen solchen zu verwehren, denn der Haubentaucher „ist vollkommen der Beste".

So sehen es jedenfalls die Gebrüder Roth in einem unüblich ausführlichen und enthusiastischen Kapitel, das sie in ihrer „Kritik der Vögel" dem Haubentaucher widmen und in welchem sie sich auch entschieden und mutig gegen dessen Namensmissbrauch im Kontext fränkischer Insultationstechniken wenden. Dass ein solcher kein Bagatelldelikt ist, belegt ein Urteil des Amtsgerichts Nürnberg, das einen 33-jährigen Arbeitslosen zu einer Geldstrafe von 800 Mark verurteilte, nachdem dieser einen Exekutivbeamten im September 1999 als „den letzten Haubentaucher“ beschimpft hatte (siehe: Roth und Roth, Kritik der Vögel, S. 256 f.).

Mit „Frisur“ ist die bei Gefahr angelegte „Haube“ des – nomen est omen – Haubentauchers gemeint. Der Geschlechtsdimorphismus ist bei Haubentauchern übrigens nur gering ausgeprägt, weswegen auch Weibchen im Prachtkleid (und im Unterschied zum FaVoWa) über einen rötlichbraunen, ins Schwarze übergehenden Backenbart verfügen. Bevor sie sich auf ihrem gemeinsam errichteten Schwimmnest paaren, legen Haubentaucher und Haubentaucherin ein auch als „Pinguintanz“ bekanntes Balzverhalten an den Tag, das so entzückend und anmutig ist, dass sich die Menschen da ruhig etwas davon abschauen könnten. Die Behauptung, dass der Ehebund schlussendlich durch den „Austausch von Erdbeergeschenken und Filterzigaretten“ besiegelt würde, muss freilich als dichterische Freiheit der Gebrüder Roth gelten.

Video

GNADENLOS MAJESTÄTISCH
DER HÖCKERSCHWAN

Muss man als Vogelfreund alle Vögel gleich lieb haben? Natürlich nicht. Auch ein Philanthrop wird sich, wenn er aufrichtig ist, eingestehen, dass er nicht alle Menschen gleich gern hat, weil es ja unter diesen auch genug Nichtsnutze gibt, die dem Herrgott den Tag stehlen. Dergleichen vom Höckerschwan zu behaupten, würde mir nicht einfallen, über die moralischen Qualitäten von Cygnus olor maße ich mir kein Urteil an. Aber viel mehr als durchs Wasser zu gleiten und das Ufer vollzukacken hat er tatsächlich nicht zu tun.

Latscht breit durch die Musikgeschichte: der Höckerschwan

Ich finde, der Höckerschwan übertreibt's einfach mit dem Majestätischsein. Wahrscheinlich ist ihm einfach die Beachtung zu Kopf gestiegen, die er in der Mythologie, Kunst-, Musik- und Literaturgeschichte erfahren hat. Dabei ist er als Gestalt, die Zeus annimmt – warum eigentlich? – , bevor er sich Leda „nähert" und diese schwängert, ein Exponent antiker Rape Culture. Ein barocker Pinselschwinger wie Peter Paul Rubens suggeriert in seiner Darstellung auch noch Einvernehmlichkeit; man weiß nicht so recht, ob Leda

Leda und der Schwan

in postkoitaler Erschöpfung in der Landschaft lehnt oder schon während des Aktes eingepennt ist.

Der Dichter William Butler Yeats hat in seinem 1923 verfassten Sonett „Leda and the Swan“ die Brutalität des Vorgangs und seine katastrophalen Folgen – die Geburt Helenas führt letztendlich zum Trojanischen Krieg – ungleich drastischer dargestellt. Auch Tanz und Musik haben – man denke an Tschaikowskis „Schwanensee“ und das Tanz-Solo des „Sterbenden Schwan“ zur Musik aus Camille Saint-Saëns an sich okayigem „Karneval der Tiere“ – viel Leid und Langeweile über die Menschheit gebracht.

Sogar in der Popularmusik hat der Schwan mit seinen breiten Latschen eine unübersehbare Spur hinterlassen und so unterschiedliche Musiker wie den britischen Folk-Gitarristen Bert Jansch zum Album „The Black Swan“ oder den wichtigtuerisch ödbärigen Krawallanten Michael Gira zu dessen Band The Swans inspiriert.

Am ehesten nimmt es einen für den Höckerschwan ein, wenn der in sauber aufgefädelter Familienformation mit seinen Kiddies im Schlepptau übers Wasser zieht, die durchaus nicht aussehen wie hässliche Entlein (wie der dänische Meistermelancholiker suggeriert). Auf Englisch heißen die übrigens *cygnets*, und apropos England: Das „Swan Upping“ auf der Themse, wo alljährlich alle Schwäne gezählt und beringt werden, gehört fraglos zu den liebenswertesten Bräuchen des an Schrullen und Exzentrikern nicht eben armen United Kingdom.

Swan Upping

GUT GEGEN WINDRÄDER

DER KAMPFLÄUFER

Ohne juristisch dazu verpflichtet zu sein und aus völlig freien Stücken möchte der FaVoWo, bevor er auf den aktuellen VDW zu sprechen kommt, einer „Gegendarstellung" Platz einräumen. Abweichende Meinungen und Darstellungen sind ihm durchaus willkommen. Er muss nicht das letzte Wort behalten und in „Graf Bobby"-hafter Selbstüberhebung seine „Privatmeinung" zugleich als solche und als höhere Wahrheit verlautbaren. Er könnte sich ja auch geirrt, jemandem unrecht getan haben. Zum Beispiel dem → Fasan, den er – da gibt's nichts zu deuteln – in dem entsprechenden Beitrag schon als rechten Deppen hat dastehen lassen (nicht im politischen Sinne, sondern in der Bedeutung von „richtig").

ZIB Interview Schallenberg

Gegen diese Einschätzung verwehrt sich jedenfalls einer der aufmerksamsten VDW-Leser, der Pianist, Komponist und Jazzmusiker Georg Gräwe, der in seiner Zeit als Wahlburgenländer (2003–2007) die im Folgenden wortwörtlich wiedergegebene Erfahrung gemacht hat: „Es gab einen Fasan, der sommers wie winters, pünktlich um 5 Uhr nachmittags auf meiner Terrasse erschien, um meinem Klavierspiel zu lauschen. Wenn ich nicht spielte, entfernte er sich nach einigen Minuten, wenn ich spielte, blieb er meist über eine Stunde und wiegte seinen sattkolorierten Kopf in Wohlgefallen – ein Dummkopf?"

Was soll man dazu sagen? In jedem Falle ein Vogel von großer Kunstsinnigkeit und exquisitem Geschmack. Und ein guter Anlass, im Burgenland zu bleiben: Wir kehren zurück an den Zicksee* und zu den Limikolen und erhöhen die Schwierigkeit der Bestimmung – im Vergleich zu Kindergarten-Limis wie Stelzenläufer und Säbelschnäbler – doch um ein Beträchtliches. Klar, im Prachtkleid ist der Kampfläufer mit seiner spektakulären Halskrause eine si-

Nur im Prachtkleid spektakulär: der Kampfläufer

chere Bank, aber so kriegt man ihn nur während der Balzzeit zu Gesicht, wenn er – passend zum Kino-Highlight – spektakuläre Revierkämpfe ums Weibchen austrägt. Abseits davon ist er ein unspektakulär mittelgroßer und unspektakulär mittel aussehender Watvogel, der in Deutschland vom Aussterben bedroht und ergo spitzenmäßig dafür geeignet ist, gegen Windräderparks in Stellung gebracht zu werden – wie man aus Juli Zehs mittelgelungenem Roman „Unter Leuten" weiß.

„The Last Duel"

* Der Beitrag über den Kampfläufer erschien im Oktober 2021. Zu diesem Zeitpunkt war der Zicksee noch nicht ausgetrocknet.

EIN HENKER VON EINEM FINKEN

DER KERNBEISSER

In ihrem Essay- und Reportagen-Band „Abendflüge" von Helen Macdonald gibt es ein nur wenige Seiten kurzes Kapitel mit dem Titel „Kirschkerne", in dem die Autorin beschreibt, wie im Herbst 2017 – also noch vor dem Brexit – eine „beispiellose Invasion aus Europa" das Vereinigte Königreich in helle Aufregung versetzte. Ein Rauschen geht durch den Blätterwald, die Internet-Foren brummen.

Bei den Immigranten, von denen zwischen Mitte Oktober und Mitte November immerhin 50 Individuen den Greenwich Park in London passieren, handelt es sich um Kernbeißer, im Englischen *hawfinches* genannt. Man kann die Aufregung der bekannt vogerlnarrischen, aber zugleich notorisch gelassenen Briten nur verstehen, wenn man weiß, dass dieser größte Vertreter der in Europa beheimateten Finkenarten in Großbritannien sehr rar ist und als legendär geheimnisvoll und scheu gilt.

Mit einem solchen Schnabel ist leicht „dominant" sein: der Kernbeißer

Auf dem Festland ist das nicht der Fall. Im Volkspark Friedrichshain etwa hocken, wie Macdonald anlässlich eines Berlin-Besuchs nachgerade entgeistert feststellte, die Kernbeißer ostentativ ung'schamig zu Dutzenden in den Bäumen und lärmen, als gäb's kein Morgen. Auch wenn ich in Wien keine Plätze wüsste, wo der Kernbeißer in hellen Scharen zu bestaunen wäre, kann man ihn in der Stadt immer wieder antreffen, nicht zuletzt im Winter in der Nähe von Futterhäuschen

Dass er sich dort „dominant verhält", wollen wir dem Svensson Lars gerne glauben, wobei: Wahrscheinlich braucht der Kernbeißer nicht viel zu tun, damit sich der Rest der Amsel-, Drossel-, Fink- und Star-Posse submissiv gebärdet. Wer einen derart Mörder Heamper von Schnabel hat, der nicht nur wie ein Drahtschneider aussieht, sondern wohl auch so ähnlich funktioniert, der kann auf zusätzliches Gepose und Getue wohl gut und gerne verzichten.

Draht-schneider

Dass der Kernbeißer – nomen est omen – auch Kirschkerne zerknacken kann, hat mich als Buben nachhaltig beeindruckt und zur Imitation angeregt. Er ist ein Kindheitsvogel auch von meinem Freund Paulus, und dass ihm Helen Macdonald tatsächlich einen Kernbeißer ins Widmungsexemplar von „Abendflüge“ gemalt hat, war schon *super sweet!* Ein Musikstück für den Kernbeißer? Natürlich „Meditations for a Pair of Wire Cutters“ von Charles Mingus.

Charles Mingus: „Meditations ...“

KAMPFPILOT DER FEUCHTWIESEN
DER KIEBITZ

Wer diese Rubrik mit einiger Aufmerksamkeit verfolgt, dem/der wird eventuell aufgefallen sein, dass der FaVoWa ein gewisses Faible sowohl für die vogelnarrische Insel am Ärmelkanal als auch für das dort hegemoniale Idiom hegt. Eine der charmantesten Eigenheiten des Englischen ist die Existenz von *collective nouns*, die zur Bezeichnung von Tierkollektiven verwendet werden. Während das Deutsche außer der „Herde“ und dem „Schwarm“ nicht viel zu bieten hat, ist der anglophone Raum von einer nachgerade aberwitzigen Differenziertheit. *A Thundering Herd*, wie sich die Bigbands des Klarinettisten Woody Herman benannten, kann theoretisch aus Rindern, Ziegen oder Antilopen bestehen, aber Schafe sind *a flock*, Zebras *a dazzle* und Büffel *an obstinacy* – wie es überhaupt üblich ist, die Kollektivnamen den zugeschriebenen Eigenschaften (*obstinate* = stur)

Stolzer Angehöriger der Royal Air Force: der Kiebitz

der benamsten Tiere anzupassen: *a shrewdness of apes, a memory of elephants.* Wer mehr darüber erfahren will, dem seien zwei wunderhübsche Bücher empfohlen, die sich der Tierkollektivbenennungsfreudigkeit des Englischen widmen: das von Thomas Bewick illustrierte „A Conspiracy of Ravens" (Oxford 2014) und „A Charm of Goldfinches" (London 2016) des hier öfters zitierten und gepriesenen Vogelpinslers und Ornithologen Matt Sewell, auf dessen Website der Kiebitz übrigens auf dem letzten „L" des Familiennamens sitzt.

Matt Sewell

Während die beiden Bücher für Lerchen unterschiedliche Gruppennamen anbieten, nämlich *an ascension* respektive *an exaltation of larks,* sind sie sich in einem anderen Falle einig: *a deceit of lapwings.* Dass die Kiebitze mit betrügerischem Verhalten assoziiert werden, ist zwar ungerecht und untergriffig, aber interessant, werden im Deutschen doch eventuell tatsächlich unlauter aufgelegte Beobachter von Kartenpartien als „Kiebitze" bezeichnet. In Wahrheit ist der Kiebitz, der im Schwarm als breitflügeliges, schwarz-weiß flirrendes Geschwader auftritt und dessen Einzelexemplare bei näherer Betrachtung durch ihr metallisch-irisierendes Gefieder und die kesse Kopfantenne auffallen, ein furchtloser Flugkünstler, der während seiner aeronautischen Eskapaden bizarre theremineske Laute ausstößt. Der FaVoWa hat Kiebitze schon Seeadler attackieren sehen, die aufgrund ihrer Schwerfälligkeit gegen die hyperwendigen Kampfpiloten nichts auszurichten vermochten: quasi Spitfire vs. Junkers.

Luftschlacht um England

Kann als Einziger kopfunter klettern: der Kleiber

PFIFFIGER VERBRECHER
DER KLEIBER

Von allen maskentragenden Verbrechervögeln (→ Bartmeise, → Neuntöter, → Raubwürger) ist der Kleiber gewiss der eleganteste, pfiffigste und der Gewalt abgeneigteste. Er ist sozusagen der Fassadenkletterer unter den Vögeln. Das englische Wort dafür lautet *cat burglar* – was im ornithologischen Kontext allerdings etwas unpassend klingt.

Das mit dem Fassadenklettern trifft es trotzdem sehr gut, denn der Kleiber ist der einzige Vogel, der „kopfüber" Baumstämme runterlaufen kann. So steht es jedenfalls überall zu lesen, obwohl es eigentlich korrekterweise „kopfunter" heißen müsste. Wie so oft ist das Englische auch hier präziser: nuthatch upside down. Diese Fähigkeit unterscheidet den → Kleiber sowohl von den Spechten als auch vom → Baumläufer. Man könnte sie als Unterscheidungsmerkmal ins Treffen führen, wäre der Kleiber mit seiner schwarzen Augenbinde, seinem grauen Federkleid und der rostorangen Brust nicht ohnedies unverwechselbar.

Nuthatch upside down

Der Kleiber wird angeblich auch „Spechtmeise" genannt. Die Bezeichnung leuchtet ein, ich bin indes noch nie jemandem begegnet, der sie tatsächlich verwendet. „Gemeinhin heißt man ihn ‚Spechtmeise'", beten die sauberen Gebrüder Roth in ihrer „Kritik der Vögel" den Unfug unüberprüft nach.

Hingegen trifft zu, dass – wie die Roth-Bros. ebenfalls schreiben –, der Kleiber die Einfluglöcher zu den Bruthöhlen anderer Vögel, die er in einem *unfriendly takeover* bezogen hat, mit Lehm so verschmiert, dass er selbst grad gut durchpasst. Das ist nicht nett, aber sehr schlau und hat dem Kleiber auch den einzigen Namen eingetragen, der für ihn in Verwendung ist: Kleiber nämlich. Das leitet sich vom mittelhochdeutschen Verb „kleiben" ab, was so viel bedeu-

Tiermärchen

tet wie „das Einflugloch zu einer diebisch erschlichenen Bruthöhle so mit Lehm verschmieren, dass der ursprüngliche Besitzer nicht mehr reinkann".

In Sachen Pfiffigkeit hat der Kleiber fraglos den Schnabel vorn. Der ist ziemlich lang und spitzig sowie hervorragend dazu geeignet, Spinnen und Insekten aus den Rindenritzen zu fieseln. Die Ruffreudigkeit des Kleibers ist legendär. Er macht „twätt" oder „zwätt" und „djüdjü", „wüwü", „wiwiwi" oder sonst irgendwie. Ich aber muss – und ganz gewiss als einziger Mensch auf der Welt – dabei immer daran denken, wie Steve Martin im „Pink Panther"-Remake versucht, das „would" aus dem Satz „I would like to buy a hamburger" hinzukriegen. Schon sehr lustig. Findet übrigens auch der Kleiber. Was für ein famoses Kerlchen!

„Pink Panther"

„HEY, ICH BIN DA!"

KOHL- UND BLAUMEISE

Meisen trifft man immer und überall an, insbesondere dort, wo meisenaffine Menschen Meisenknödel aufhängen, zum Beispiel auf „die Tanne, die ihre Zweige in den Himmel streckt", wie es in einem bekannten Lied von Helge Schneider heißt. Es handelt von einem Meisenpapa, der nichts von den Würmern abkriegt, die Frau Meise an die gemeinsame Kinderschar verfüttert: „Sei nicht traurig, kleiner Meisenmann, dass für dich nichts übrig bleiben kann, deine Kinder haben Hunger, sie wollen essen, das darf man nicht vergessen", und ist eigentlich unsinnig, denn es hängt ja ohnedies ein Meisenknödel in den Zweigen. Außerdem werden Meisenjunge in erster Linie mit Raupen gefüttert. Aber Helge Schneider ist nicht nur in ornithologischen Belangen, sondern insgesamt ein eher unzuverlässiger Zeitgenosse. Also wenn man mich fragt: Ganz dicht ist der auch nicht!

Helge-Schneider-Song

Die Energie der Kohlmeise nötigt einem Respekt ab

Über „Die sexuellen Phantasien der Kohlmeisen" kann man sich in dem bekannten Longseller von Tex Rubinowitz und Jörg Metes schlaumachen, in einschlägigen Fachbüchern wird man dazu nichts finden. Was man dort aber sehr wohl erfährt, ist der Umstand, dass Meisen ihr Brutverhalten auf das Nahrungsangebot abzustimmen suchen. Der norwegische Biologe Tore Slagsvold spricht aus selbsterklärenden Gründen vom „Raupengipfel". Während der Aufzucht versorgen Kohlmeiseneltern ihre Brut mit etwa 10.000 Raupen, wobei diese einzeln angeliefert werden. Hochgerechnet auf menschliche Verhältnisse wären das mehrere hundert Kilo Lebensmittel pro Tag.

Buchtipp

Kohl- und Blaumeisen werden ihrer Häufigkeit wegen oft gering geschätzt und herablassend als „Mehrheitsmeisen" bezeichnet. Das ist nicht recht. Die Blaumeise, die vielfach kopfüber an Zweigen hängend zu bestaunen ist, besticht durch ihre virtuose Wendigkeit beim Geräteturnen. Und gewiss, die fetten Kohlmeisen sind die Bullies unter den Meisen, ein wenig wichtigtuerische Typen, deren erstaunlich vielfältige und keineswegs aufs klassische „Zizibä“ beschränkte Rufe und Gesänge alle aufs Gleiche hinauslaufen: „Hey, ich bin da!“ Aber die Energie, mit der sie stets gut gelaunt durch die Wälder, Sträucher und Stauden rauschen, nötigt einem schon Respekt ab. Auf Englisch wird die Kohlmeise *(Parus major)* als die größte Meisenart *great tit* genannt. Warum ein Buch mit dem Titel „Living with Great Tits“ (deutsch: „Mit Kohlmeisen leben“) bislang ungeschrieben blieb, ist mir schleierhaft.

DES FISCHERS LIEBSTER FEIND
DER KORMORAN

Gerhard Polt

„Die Mongolen hamma aussig'schmiss'n! Die Hunnen hamma aussig'schmiss'n! „Die Österreicher hamma aussig'schmiss'n! Aber der Kormoran, der darf herein! Ja, wo samma denn? Des is ja ein Etikettenschwindel! Wos heißt da Kormoran? A Fischreiher is er!“ Auch wenn die Hassrede eines Fischereiverbandsfunktionärs gegen den genannten Vogel einen Höhepunkt in dem an Höhepunkten nicht gerade armen Schaffen des großen Gerhard Polt darstellt, ist diese Behauptung leider falsch.

Reiher (→ Graureiher, → Silberreiher) und Kormorane bilden, taxonomisch betrachtet, eine je eigene Familie. Die Ernährungspräferenzen sind fraglos ähnlich, und doch zeitigt die Fischfixiertheit ganz unterschiedliche Strategien: Der Reiher stelzt und stößt, der Kormoran taucht – die Kormoranin natürlich ditto.

Beim Tauchen hilft dem Kormoran der Umstand, dass sein Gefieder Wasser aufnimmt (weniger Auftrieb), wes-

Der Kormoran muss sein Gefieder trocknen,
weil dieses Wasser aufnimmt (was beim Tauchen hilft)

wegen er oft mit ausgebreiteten Flügeln dahockt, um diese wieder zu trocknen. Darüber, ob das majestätisch oder bescheuert aussieht, gehen die Meinungen auseinander. Die Kormorane selbst halten es freilich für einen schlechten Scherz der Schöpfung, was auch den säuerlichen Gesichtsausdruck erklärt, der für sie typisch zu sein scheint.

Würde gut in die Wiener Josefstadt passen: die Krickente

GEFIEDERTE BOURGEOISIE
DIE KRICKENTE

Von allen bei uns anzutreffenden Entenvögeln ist die kleinste die bestangezogene. Die Farben – der kastanienbraune Kopf mit der grün-métalliséschimmernden Umfassung ums Auge und am Hinterkopf sowie der cremegelbe Bürzel – lassen an die 1970er-Jahre denken; der FaVoWa jedenfalls besaß Nickipullis und Breitcordjacken in den entsprechenden Farben. Hinzu kommt dann noch die mit einem subtilen Mikromuster gesperberte (→ Sperber) Brust. Mag ein bissl altvatrisch wirken, kann man aber noch immer tragen, weil die Krickente und der Krickerpel – die Weibchen sind lange nicht so aufgebrezelt und haben nur etwas Grünschiller in der Armschwinge – seinerzeit beim Kauf natürlich auf Qualität geachtet hat.

Eigentlich sollten Herr und Frau Krick in der Josefstadt wohnen (inklusive Theater-in-der-Josefstadt-Abo). Weil der achte Bezirk aber jener mit dem geringsten Grünflächenanteil ist und schon gar keine offenen Wasserflächen hat, wird man sie dort nicht antreffen. Wesentlich bessere Chancen hat man auf der Donauinsel, insbesondere am Toten Grund. Die Krickente heißt so, weil sie tatsächlich ein schüchternes und zages „Krick" von sich gibt und – zieht man die endemische Stockente zum akustischen Vergleich heran – ziemlich unentig klingt. Außerdem sind Krickenten unglaublich scheu und schwirren schon ab, kaum hat man sie gesehen.

Theater in der Josefstadt

PIONIER DER PATCHWORKFAMILIE
DER KUCKUCK

Unter den onomatopoetischen Vögeln ist der Kuckuck die Nummer eins. Er heißt Kuckuck, weil er „kuckuck" macht, da scheinen sich die Völker dieser Erde relativ einig zu sein. Die Engländern sagen „Cuckoo" zu ihm, die Franzosen „Coucou", die Italiener „Cuculo" und die Russen mit ihrem Diminuitivfimmel natürlich „Kukuschka". Der Schlichtheit seines Rufs, den nun wirklich jede und jeder kennt, verdankt er seine Beliebtheit im Volkslied. Jedes durch Blockflötenunterricht traumatisierte Kind muss sich durch die kleine Terz quälen – auch wenn sie im richtigen Leben vom Kuckuck selbst nicht immer getroffen wird (dem rutscht schon auch mal eine Quinte raus).

Kinderlied Noten

Vogelfolkloristisch ist der Kuckuck offenbar so unverzichtbar, dass er auch in der „Vogelhochzeit", deren Text bis ins Spätmittelalter zurückreicht, untergebracht werden musste, obwohl er reimtechnisch ausgesprochen undankbar ist. Die → Stare flechten der Braut die Haare, die → Taube bringt die Haube und der → Wiedehopf einen Blumentopf,

Hat die Brutpflege einfach verlernt: der Kuckuck

Eye rhyme

aber der Kuckuck, auf den es allenfalls den englischen, im Kinderliedkontext eher unangebrachten eye rhyme auf „fuck – fuck“ gibt, darf nicht mal rufen, sondern muss schreien: „Der Kuckuck schreit, der Kuckuck schreit, / er bringt der Braut das Hochzeitskleid.“

Na ja. Schon ein bisschen forciert. Rufen hören kann man den Kuckuck bald einmal, angeblich „aus dem Wald“ – was so gar nicht stimmt, denn man trifft ihn auch in offenen Kulturlandschaften oder auf Leitungen und Masten an. Auf den ersten Blick könnte man ihn für einen Greifvogel halten, denn er ist so groß wie ein → Turmfalke und seine Brust ist gesperbert (→ Sperber) – grau beim Männchen, braun beim Weibchen. Charakteristisch ist seine leicht schluffige Hockhaltung, bei der die Flügel deutlich unter dem recht langen Schwanz hängen.

Jetzt die Sache mit den Eiern in fremden Nestern, Stichwort: Brutparasitismus. Man braucht das nicht zu moralisieren. Kuckucksweibchen sind in jedem Falle good enough mothers. Sie tun eh, was sie können: Sie legen ihre Eier in die Nester fremder Vögel – zum Beispiel → Rotkehlchen, Heckenbraunellen oder → Zaunkönigen (sie sind tatsächlich auf ausschließlich eine Wirtsvogelart spezialisiert) –, weil sie die Brutpflege schon vor Millionen Jahren verlernt haben. Da wurden die Kuckucksvögel, die eine eigene Ordnung bilden, nämlich von den Singvögeln verdrängt, die sich als wesentlich wendigere und geschicktere Jäger erwiesen. Worauf die Kuckucke sich ihrerseits auf grausliche und giftige Raupen spezialisierten, die sonst niemand fressen wollte – auch die Kuckuckskinder nicht. Also bringt die Kuckuckin ihre Kiddies seitdem bei insektenverzehrenden Adoptiveltern unter. Leibliche Elternschaft wird ohnedies überschätzt!

good enough mother

FLAMING CREATURES
MANDARIN- UND BRAUTENTE

Ich möchte diesmal den Flamboyanz-Regler auf Anschlag drehen. Das hängt damit zusammen, dass ich unlängst wieder einmal den Donaupark besucht habe, der nicht nur eine wichtige Ressource für dieses Buch, sondern überhaupt ein tolles Abhängareal ist. Auf der 604.000 Quadratmeter großen Anlage, die 1964 anlässlich der Wiener Internationalen Gartenschau (WIG 64) eröffnet wurde, steht das höchste Gebäude des Landes; es gibt einen Sparefroh-Spielplatz und

ein Papstkreuz, das Korea Kulturhaus und die u-bootgroßen Karpfen im Irissee.

Und ebendort auch dieses Erpelpaar, das in der Wiese döste, so als wollte es sich vom Abshaken auf der Pride Parade erholen – gänzlich ungerührt von dem sich mit der Kamera nähernden FaVoWa. Der erkannte den einen Part aufgrund des samuraihaften (→ Reiherente) Habitus unschwer als Mandarinente – genau, das Logo des italienischen Handtaschen- und Trolleydesigners –, vermochte den nicht minder flamboyanten Partner aber nicht zu identifizieren.

Menschen gegenüber möchte man ja auf keinen Fall in die „Wo-kommst-du-her?-Falle“ tappen, wie sie in Mithu Sanyals scharfsinnigem und sehr komischem Roman

„Identitti“ beschrieben wird; über Vögel gibt es dafür einschlägige Literatur, derer man sich bedienen kann, um zweifelsfrei festzustellen, dass es sich bei dem glutäugigen Erpel um eine (ursprünglich aus Nordamerika stammende) Brautente handelt.

Buchtipp

Und der Eindruck, dass die „eigentlich nicht hierher gehören“, lässt zwar die Rassismusglocken schrillen, ist allerdings auch nicht unbegründet. Tatsächlich handelt es sich bei beiden um sogenannte „Gefangenschaftsflüchtlinge“, also vom Menschen importierte gebietsfremde Tiere, die ihre Zierexistenz abgestreift haben, heimisch geworden sind und als „freilebend“ gelten. Und im Kulturen- und Artenpatchwork des Donauparks fügen sie sich ja – in jeder Hinsicht: prächtig – ein. Im Übrigen bin ich der Meinung, dass Wien ganz dringend wieder eine WIG braucht!

Mandarin- (links oben) und Brautente sind beide „Gefangenschaftsflüchtlinge“

Der alpine Mauerläufer macht im Winter Urlaub bei Bad Vöslau

NAZIFLAGGE IM STEINBRUCH
DER MAUERLÄUFER

Der vergangene Sonntag war für den FaVoWa ein Vollverhau. Wobei die Voraussetzungen eigentlich eins a: etwas gar wenige Wolken, aber ansonsten schon stark in Richtung „Kannst nix sagen". Die Öffi-Verbindung nach Bad Vöslau bekanntlich auch tadellos, und von dort ist man dann eh recht flott beim Dolomitwerk. Was aber hat der FaVoWa beim Dolomitwerk Vöslau verloren? Gute Frage. Antwort eins: leider seine neuen Handschuhe. Antwort zwei: Gesucht, aber nicht gefunden hat er das Gleiche, was auch all die anderen Typen gesucht haben, die am vergangenen Sonntag mit unterarmlangen Teleobjektiven durch den Steinbruch geschnürt sind: den Mauerläufer.

In einem Gebiet, das nicht einmal auf 400 Meter Seehöhe liegt, hat *Tichodroma muraria* eigentlich nichts verloren. Er ist ein alpiner Vogel, der sich auf 3000 bis 5000 Metern pudelwohl fühlt, aber sein Winterquartier eben in dem faunamäßig recht spannenden Areal bei Bad Vöslau aufschlägt, wo man auch Smaragdeidechsen und Zippammern begegnen kann oder, wie der FaVoWa aus eigener Anschauung weiß, Füchsen, die unglaublich trittsicher und flink durch die Felswände wuseln.

Jetzt Problem mit dem Mauerläufer: Im Sitzen eher graue Maus und auf grauer Felswand nicht sooo gut zu sehen. Sobald er aber die Flügel ausbreitet, auch weiß-rot-schwarz, weswegen der Mauerläufer im gleichnamigen, wunderbar durchgeknallten Debütroman der US-amerikanischen Schriftstellerin Nell Zink (→ Schwanzmeise) auch Rudi heißt, und zwar nach Rudolf Heß, weil er im Fliegen eben ein bissl naziflaggenfarben aussieht.

Buchtipp

Begegnet bin ich an besagtem Sonntag in besagtem Steinbruch aber nur einer krankheitsbedingt distanzlosen

→ Wacholderdrossel sowie Clemens, der sie ebenfalls fotografiert hat, aber natürlich auch auf den Mauerläufer aus war. Von seinem jüngeren Bruder wird Clemens „Clem“ (→ Eisvogel) genannt – so wie der Colosseum-Gitarrist Clem Clempson –, und er hat mir erzählt, dass er in den Ferien mit seinen Eltern an die Algarve fahren wird und hofft, dort Samtkopf-Grasmücken zu spotten. Außerdem hat mir Clem gleich seine Fotos vom Rotkopfwürger und Isabellensteinschmätzer auf dem Handy gezeigt. Neid! Jetzt aber pass einmal auf. Am 27. Jänner 2019 hab ich im Steinbruch Harzberg, wie fotografisch verbürgt, nicht nur zwei Füchse, sondern auch den Mauerläufer angetroffen. Nimm das, Clem!

Colosseum Song

THE ROYAL AIR FORCE
DER MAUERSEGLER

„Look! They’re back! Look!“ jubelt Ted Hughes in seinem Gedicht „Swifts“ über die Rückkehr der Mauersegler: „They’ve made it again / Which means the globe’s still working“. Der Poet Laureate des Vereinigten Königreichs hatte sie erst am 15. Mai gesichtet, den FaVoWa würde es in tiefste Verzweiflung stürzen, müsste er so lange auf die markant sichelförmige Silhouette warten müssen, die aussieht wie die Zeichen einer uralten Schriftkultur oder wie ein Geschoß aus einer retrofuturistischen Film-Dystopie. Er war ohnedies schon ein bissl depri, weil er bereits Sichtungsbekundigungen von anderen Mauersegler-o-philen erhalten, aber am 28. und am 29. April völlig erfolglos in die Luft gestarrt hatte. Am 30. dann aber war es endlich so weit, dass die Genoss:innen der Lüfte – rechtzeitig vor dem 1. Mai! – über der Leopoldstadt durchs Firmament schossen (ehe es den FaVoWa in Folge eines jähen Bremsmanövers vom Fahrrad schmiss).

Ted-Hughes-Gedicht

Bis zum 1. Mai verlässlich in Wien zurück: Genosse Mauersegler

So wie auch die Schwalben (→ Mehlschwalbe, Rauchschwalbe) sind die Mauersegler Langstreckenzieher: Sie kommen später als diese aus Afrika und machen sich auch schon Anfang August auf die Heimreise. Schneller dort sind sie sowieso, denn die Mauersegler brauchen nicht zwischenzulanden. Sie sind wahrlich himmlische Geschöpfe, denn außer um zu brüten, bedürfen sie keines festen Bodens unter ihren winzigen Füßchen. Den Rest – Essen, Trinken,

Schlafen, Vögeln – erledigen sie während des Fliegens, was sie aufgrund der Kooperation ihrer beiden Hirnhälften über Wochen und Monate durchziehen können.

Nisten tun die Mauersegler in Gebäuden und Gemäuern, unter Dächern und in Traufen, sobald sich dort nur irgendwo ein Spalt auftut. Verfallene Altstadt ist also besser als versiegelte Fassaden-Fadesse, weswegen sich die Mauersegler in Lemberg auch wohler fühlen als, sagen wir, in Louvain-la-Neuve. Erfreulicherweise ist die Stadt Wien lieb zu ihnen, betreibt ein Brutplatzmonitoring und bringt Nisthilfen an Gebäuden an, wenn diese renoviert werden. Die Mauersegler danken es ihr und fetzen im Sommer mit schrillem Geschrei – Mauersegler rufen nicht, sie schreien! – millimeterscharf die Dachkanten entlang durch die Häuserschluchten. Warum? Weil sie's können und eine Gaudi haben dabei. God bless 'em!

Mauersegler in Wien

SITZT DA UND SCHAUT
DER MÄUSEBUSSARD

Vergangene Woche habe ich den Wagram beradelt. Eigentlicher Arbeitsauftrag wäre der → Wiedehopf gewesen, den ich auch gehört und gesichtet, aber leider nicht vor die Linse bekommen habe. Während der ebenso flamboyante wie scheue Vogel in der Paarungs- und Brutzeit besonders sensibel ist, sind die Verpaarungsaktivitäten bedeutend zeigefreudiger Artgenossen unmöglich zu übersehen. Im Balzflug schrauben sich Herr und Frau Mäusebussard in die Höhen des Firmaments und lassen ihr unverwechselbares „Hijäh" vernehmen, über das ich bei Arnulf Conradi gelesen habe, dass es der → Eichelhäher perfekt nachzuahmen weiß (der Eichelhäher ist aber schon auch einer!).

Buchtipp

Der Mäusebussard ist der Mittelklassewagen unter den heimischen Greifvögeln

Birdlife Info

Unter den Greifvögeln stellt *Buteo buteo*, dessen Spannweite so ziemlich genau dem eines → Kolkraben entspricht, wohl so etwas wie einen soliden Mittelklassewagen dar. Der landesweit häufigste Vertreter dieser Ordnung wird seiner breiten Flügel, des kurzen Halses und mittellangen Stoßes wegen gemeinhin und zutreffend als „kompakt" beschrieben.

Ob das an seiner Lebensweise liegt? Thermikbasiertes Surfen ist zwar dem Mäusebussard sein Ding, und dennoch heben die Gebrüder Jürgen & Thomas Roth in ihrer naturgemäß nicht eben meinungsschwachen „Kritik der Vögel" an ihm Eigenschaften hervor, auf die jemand, der den Mäusebussard schon mal beim Kreisen und Hijähen beobachtet und -lauscht hat, nicht so schnell gekommen wäre. An diesem „glanzvollen Hocker von formidabler Faulheit" registrieren die beiden „eine exquisite Begabung zum Sitzen und zum Wohlbehagen".

Das klingt jetzt mehr nach Gerhard Polt (→ Kormoran) als nach Mittelklassewagen, und ich ziehe letzteren Vergleich auch mit dem Ausdruck des Bedauerns wieder zurück – nicht zuletzt, weil Autos seit einem halben Jahrhundert ohnedies unsagbar scheiße aussehen. Andererseits sind sie so etwas wie klandestine Komplizen dieses geflügelten Sitzriesen, denn dieser hockt eben auch gerne am Straßen- oder Autobahnrand und hält nach flachgefahrenen Viechern (→ Fasan) Ausschau.

Wie ich aus aus eigener Anschauung – zwischen Kirchberg und Königsbrunn – weiß, hat es mit der Hockfreudigkeit aber auch schnell wieder ein End', wenn so ein zweibeiniger Depp auf Beobachtung sinnt. Oder um's mit einem Haiku zu sagen: „Stellt der FaVoWa das Spektiv auf, verlässt der Bussard seinen Horst."

THE FLYING ARCHITECTS

DIE MEHLSCHWALBE

Schwalben sind nicht gleich Schwalben (und schon gar keine → Mauersegler). Deswegen gleich zu den grundlegenden Merkmalen, durch die sich die hierzulande hegemonialen Schwalben voneinander unterscheiden. Also: Die → Rauchschwalbe ist die mit dem rostroten Kehlfleck und dem tief gegabelten, in Spießen auslaufenden Schwalbenschwanz. Die Mehlschwalbe hingegen: etwas kompakter, kein Kehlfleck und Schwanz nur leicht gegabelt.

Und dann wären da auch noch die Nester, bei denen die Mehlschwalbe eindeutig den Schnabel vorn hat. Während die Rauchschwalbe einfach was zusammenschlampt, errichtet die Mehlschwalbe diese wunderbaren kugelförmigen Gebilde aus Lehm, die man unter den Dachvorsprüngen an den Außenseiten von Häusern sehen kann, ich sage nur: Bahnhof Hainburg. An einem lauen Sommerabend im Uferschanigarten des Goldenen Anker abzuhängen und den Schwalben dabei zuzusehen, wie sie durch die Luft segeln und über die Donau schießen, erspart so manche Therapiesitzung (und nein, für diesen Hinweis werde ich leider weder bezahlt noch bewirtet).

„Goldener Anker“

Mit dem Nestbau hängt auch die eingangs erwähnte Gerührtheit zusammen. Denn dieser kommt man unschwer aus, wenn man Mehlschwalben erst einmal dabei beobachtet hat, wie sie ihre Bauten aus winzigen Lehmklumpen zusammensetzen. Ein Mehlschwalbenschnabel ist kein Schaufelbagger, und bis so ein Nest in abertausenden Anflugmanövern fertig ist, dauert es ein bis drei Wochen. Und wenn die Schwalbe Pech hat, setzt sich so ein frecher Haussperling ins buchstäblich gemachte Nest, übernimmt in einem *unfriendly takeover* den Rohbau, und die Schwalbe kann wieder von vorne anfangen.

Die Mehlschwalbe errichtet kugelförmige Nester aus Lehm

Video

Der aufwendige Eigenheimbau verzögert die Brut und macht Zweitbruten vielfach unmöglich. Mit dem Anbringen von Fertignestern kann man den Mehlschwalben, die als Langstreckenzieher zu ihren alten Nistplätzen zurückkehren – daher Nester bitte keineswegs aus „hygienischen Gründen“ entfernen! –, das Leben entscheidend erleichtern. Es ist ohnedies schon schwer genug. Mehlschwalben sind von Klimawandel, Insektensterben und Bodenversiegelung gleich mehrfach betroffen, da ihnen diese nicht nur Nahrung, sondern auch die Grundlagen für den Nestbau – in Form von lehmigen Lacken – entziehen. Der Brutbestand in Österreich ist in den letzten 25 Jahren um die Hälfte zurückgegangen, und auch die Größe der Kolonien – in Ausnahmefällen bis zu 100 Nestern – hat sich vermindert.

Auf Englisch heißen die Mehlschwalben übrigens *housemartins*. Als musikalischen Namenspatron hätten sie sich vermutlich jemanden gewünscht, der nicht ganz so langweilig angezogen ist, nicht ganz so langweilige Frisuren trägt, sich nicht ganz so langweilig bewegt und nicht ganz so langweilige Lieder singt wie die gleichnamige englische Eightiesband, aber einen „Wohnwagen voller Liebe“ haben sich die Mehlschwalben allemal verdient!

The Housemartins Song

BLACKBIRDS ON SPEED
DIE MÖNCHSGRASMÜCKE

Am 28. März gegen 10 Uhr hat der FaVoWa die erste aus ihrem Winterquartier am Mittelmeer oder in Afrika zurückgekehrte Mönchsgrasmücke dieses Jahres gehört, gesichtet und geknipst. Und zwar im Donaupark, einem großzügig mit Flora, Fauna und Statuen südamerikanischer Freiheitshelden versorgten Naherholungsgebiet, das man gar nicht hoch genug schätzen und preisen kann (auch wenn die Liliputbahn nicht ganzjährig in Betrieb ist).

Donauparkbahn

Mönchsgrasmückenhören ist übrigens sehr leicht, Mönchsgrasmückenknipsen hingegen um einiges schwieriger. Der sperlingsgroße, „düster graue“ (Svensson) beziehungsweise „elegant graue“ (FaVoWa) Vogel mit dem schwarzen (Weibchen: rotbraunen) Käppi zeichnet sich

Hat ADHS, lehnt aber Drogen ab: die Mönchsgrasmücke

durch eine hohe Musizierfreudigkeit aus, ist aber, wie die meisten Zweigsänger, auch ein schwerer ADHSler und kann sich unmöglich auch nur ein paar Sekunden einen abzwitschern und dabei am selben Ast verharren. Die bekannte Mönchsgrasmückenband nennt sich Blackbirds On Speed und klingt auch genau danach: wie → Amseln auf Amphetaminen. Tatsächlich sind Mönchsgrasmücken *straight edge* und lehnen Drogen ab. Dabei werden Amphetamine erfolgreich bei der ADHS-Therapie eingesetzt. „Kommt nicht in die Tüte", zwitschert die Mönchsgrasmücke und schwirrt ab.

Vogelgesang

ICH SCHAU DIR AUF DIE BEINE, KLEINE*
DIE MÖWE

Nachdem wir sie jetzt bereits als prominente Nebendarsteller erwähnt hatten (→ Gänsesäger), wollen wir ihnen jetzt jenen Platz zuweisen, der ihnen in ihrer Selbstwahrnehmung ohnedies ganz selbstverständlich zukommt: die Hauptrolle. Möwen gehören fraglos zu den größten Wichtigmachern der beflügelten Tierwelt.

Während die Angehörigen der hierzulande häufigsten Art, die schmalbrüstigen und -schnäbeligen Lachmöwen, als sauber aufgefädeltes Kollektiv auf Kaimauern und Brückengeländern sitzt, eignet die deutlich wuchtigeren, um rund einen halben Meter Flügelspannweite mehr verfügenden Vertreter der Gattung *Larus* ein martialisch-monarchischer Habitus. Mit Vorliebe thronen sie in singulärer Selbstherrlichkeit in möglichst exponierter Position auf Pfählen, Lampen, Denkmälern; die Monolithsäulen von San Marco und San Todaro oder das Reiterstandbild von Vittorio Emanuele II. sind grade einmal bedeutsam genug.

Die Möwen, die sich in Venedig wichtig machen, sind mit hoher Wahrscheinlichkeit Mittelmeermöwen. Von den ihnen sehr ähnlichen Silbermöwen, die man an den Küsten der Britischen Inseln antrifft, unterscheiden sie sich in Details wie der Farbe der Beine oder jener des Irisringes. Gelbe Beine: Mittelmeermöwe, rosa Beine: Silbermöwe; gelber oder oranger Irisring: Silbermöwe; roter Irisring: Mittelmeermöwe. Beide sind übrigens Vierjahresmöwen, sprich: Es braucht eben nicht zwei oder drei, sondern vier Jahre, bis sie ihren vollen adulten Phänotypus ausgebildet haben (aber die Altersbestimmung von Möwen überlassen wir den ornithologischen Feinspitzen und Freaks).

Möwen sind gierige Egozentriker, und dass die Selbstfindungsschmonzette „Jonathan Livingston Seagull", die

Möwen zählen zu den größten Wichtigmachern der Vogelwelt

vor allem durch die kongenial schmalzige Filmmusik von Neil Diamond berühmt wurde, ausgerechnet eine Möwe zum Protagonisten hat, ist symptomatisch für die Soppiness der Seventies, die unschöne Charakterzüge dem Kollektiv zuschreibt und die vermeintliche Dissidenz des Individuums heroisiert. Eine wesentlich illusionsärmere Sicht auf die Möwe bietet der Pixar Animationsfilm „Finding Nemo“ (2003), in der der entsetzliche Krawall, den diese Vögel veranstalten, auf recht glaubwürdige Weise in seiner Fundamentalsemantik fassbar wird.

Neil Diamond Song

„Finding Nemo“

* Ist nur um des Reimes Willen. Tatsächlich bringt es die größte Möwenart, die Mantelmöwe (Larus marinus), auf die durchaus beeindruckende Flügelspannweite von über 160 Zentimeter.

KÖNIGIN DER MÄRCHEN UND MYTHEN
DIE NACHTIGALL

Dieser Eintrag ist vergleichsweise episch. Das liegt zum einen daran, dass es über die Nachtigall halt doch sehr viel mehr zu sagen gibt als, sagen wir, den Zistensänger; vor allem aber daran, dass sich Silke Kipper viel Zeit genommen hat und eigens aus der brandenburgischen Provinz nach Berlin angereist ist, um mit dem FaVoWa am Abend durch den Treptower Park zu spazieren.

Silke Kipper

Der Anlass für das Treffen war Kippers wunderbares Buch „Die Nachtigall. Ein legendärer Vogel und sein Gesang“, das rechtzeitig zur Rückkehr der Nachtigallen aus ihren Winterquartieren in Afrika erschienen ist. Jetzt, Mitte Juni, sei es freilich gar nicht mehr so sicher, ob wir den klassischen Nachtgesang der Nachtigall überhaupt zu hören bekommen würden, dämpft Kipper etwaige überenthusiastische Erwartungen des Besuchers aus Wien. Sind die Kü-

Buchtipp

ken erst einmal aus dem Nest, huschen sie noch etwa eine Woche mit den Eltern durchs Kraut, die über Rufe Kontakt halten. Sobald die Jungen zu fliegen und selbständig nach Nahrung zu suchen beginnen, wird das Territorium aufgelöst und der Gesang eingestellt.

Beim Betreten des Parks sind jedenfalls schon mal Warnrufe zu hören. Oder sagen wir so: Silke Kipper hört sie. Der Grund seien die Habichte, die hier nisten. Mit seinen 882.000 Quadratmetern ist der Treptower Park fast um die Hälfte größer als der Donaupark. Dass er gerade „re-historisiert“, sprich: der Durchwegungsstruktur angepasst wird, die er während der Weltausstellung im Jahr 1879 hatte, ist Kipper, die hier 20 Jahre lang Nachtigallenforschung betrieben hat, gar nicht recht. Gerade Kanten oder sauber gemähte Wiesen sind der Nachtigall nämlich ein Grauen. Die hat es gerne unordentlich, mit nicht zu knapp krautigem Unterwuchs und vorzugsweise einem ordentlichen Brennnesselteppich davor.

Nachtigallen sind ausgesprochen standorttreu. Wenn alles passt, also so bleibt, wie es auch schon im Vorjahr und im Jahr davor war, kehren die Nachtigallen in ihren angestammten Kiez zurück. Werden dort allerdings auch nur geringe Flurbereinigungsarbeiten vorgenommen, wird das Territorium aufgegeben.

Über die Nachtigall schrieb der englische Naturkundler James Bolton im Jahr 1794: „Bis heute war und ist dieser arme Vogel Zielscheibe von klagenden Liebenden, Theaterschreibern, Romantikern, Erzählern, Dichtern und Dichterlingen und Lügnern vieler anderer Professionen.“ Kipper gibt ihm recht. Was an Legenden, Mythen und Märchen um diesen Vogel gewoben wurde, den man oft hört, aber sehr selten zu Gesicht bekommt, hat mit der Realität meist wenig bis gar nichts zu tun. Schon ihr berühmtester literarischer Auftritt ist eigentlich Unsinn, weil die Nachtigall zwar auch,

„Romeo und Julia“

So laut wie ein Staubsauger oder ein Ehestreit: die Nachtigall

aber keineswegs nur in der Nacht singt; und wer ihren Gesang mit dem der Feldlerche verwechselt, ist entweder ein Schweinsohr oder schwer verliebt.

Silke Kipper, die über die Bioakustik des menschlichen Lachens promoviert hat, weiß, dass der Gesang der Nachtigall verdammt laut ist: Mit 70 bis 95 Dezibel erreicht er etwa die Lautstärke von Staubsauger, Saxofon oder Ehestreit. Wer eine Nachtigall direkt vor dem eigenen Schlafzimmerfenster hat, kann das mit dem Schlaf bei offenem Fenster also gleich wieder vergessen.

An dieser Stelle muss leider ein genderpolitisch eventuell unliebsames oder enttäuschendes Faktum erwähnt werden: Sorry, aber Nachtigallengesang ist reine Männersache. Wobei sich die Männchen nicht einfach einen abzwitschern, während die Weibchen sich um Küche und Kinder kümmern, sondern das emanzipierte Nachtigallenpaar macht bei der Kükenfütterung fifty-fifty. Ja, es kommt noch besser: Die Geordnetheit der Gesangssequenz korreliert mit erhöhter Kükenfütterungsbereitschaft seitens der sozialen Väter!

Jetzt aber endlich zum Nachtigallenthema schlechthin: ihrem Gesang. Wobei die Nachtigall bekanntlich nicht „singt", sondern „schlägt", was eine sehr zutreffende Beschreibung ist, hat Nachtigallengesang doch nichts Schmelzendes und kennt kein Legato. Am leichtesten sind für den FaVoWa die sogenannten Pfeifstrophen zu identifizieren: eine Abfolge von nahezu identischen Pfiffen, die zu einem Crescendo anschwellen, was von vielen offenbar als „schmachtend" und „sehnsüchtig" empfunden wird. Ich finde, es klingt, als würde sich die Nachtigall aufpumpen.

Der „eigentliche Gesang" besteht aus vier Sekunden dauernden Strophen, die ihrerseits aus vier Teilen bestehen und mit ebenfalls etwa vier Sekunden langen Pausen abwechseln. Insgesamt 180 Strophentypen hat ein Nachtigallenmännchen im Repertoire, und das Erlernen desselben funktioniert erstaunlich ähnlich wie beim menschlichen Spracherwerb. Was es darüber noch zu sagen gäbe und wo, wie und warum Nachtigallen ihre Rap-Battles austragen, bitte ich Sie, bei Silke Kipper nachzulesen.

Die Nebelkrähe unterscheidet
sich von der Rabenkrähe durch das Grau im Gefieder

FIFTY SHADES OF GREY
NEBEL- UND RABENKRÄHE

Als er zu Beginn der 2000er-Jahre in Wien weilte, fand der britische Birdwatcher-Profi David Lindo, bekannt als The Urban Birder, die Stadt langweilig und zum Abgewöhnen. Übellaunig lief er durch die Innenstadt, nahm Wien nur „als Aneinanderreihung internationaler Modeläden" wahr und bekam außer Stadttauben und Hausspatzen nichts zu Gesicht.

The Urban Birder

Fünfzehn Jahre später war die Stimmung deutlich besser. An der Seite des österreichischen Ornithologen und Fotografen Leander Khil besuchte Lindo unter anderem den Augarten. Das entsprechende Kapitel des Buches „#Urban

Wird fälschlicherweise oft als „Rabe“
bezeichnet: die rein schwarze Rabenkrähe

Birding“ ist mit „50 Shades of Grey“ überschrieben und wartet mit der Information auf, dass Wien exakt am Kreuzungspunkt zweier Schwesternarten liegt: „Rabenkrähen kommen häufiger in Westeuropa vor, die Nebelkrähen hingegen eher im Norden, Osten und Südosten Europas.“

Die Behauptung, dass man in praktisch allen Wiener Parks Mittel-, Grau-, Schwarz-, Bunt- und womöglich auch → Blutspechte zu sehen bekomme, scheint mir etwas übertrieben. Interessant freilich Lindos Bemerkung, dass er im Augarten „nur eine einzige wirklich reine Nebelkrähe“, ansonsten lauter Kreuzungen mit Rabenkrähen gesehen habe.

Ich muss gestehen, dass ich keine Ahnung habe, wie eine „reine Nebelkrähe" aussieht. Im Augarten habe ich immer nur Rabenkrähen und Nebelkrähen gesehen. Erstere sind ganz schwarz und werden daher auch mit Raben verwechselt; Letztere haben laut Svensson einen „schmutziggraubraunen" Körper, wohingegen „Flügel, Schwanz und Kopf sowie ausgefranster Brustlatz schwarz" sind. Beide haben, wie wiederum Svensson findet, eine „lässige" Art zu fliegen. Sie sind darüber hinaus sehr schlau und machen einen ziemlichen Radau – nicht nur, wenn sie in Schwärmen von Hunderten oder Tausenden gar ihre Reviere etwa am Wilhelminenberg oder im Prater aufsuchen.

Radau- und Raufbrüder allesamt legen es sich Krähen besonders gerne mit Turmfalken an. Der FaVoWa hat einmal beobachtet, wie eine Krähe einem recht selbstherrlich auf einem Rauchfang sitzenden Turmfalken buchstäblich „ins G'nack gestiegen" ist. Es gibt allerdings, wie dieses Video von Franz Ruep belegt, auch ausgesprochen stoische Turmfalken, die selbst einer Krähe, die auf Schabernack aus ist, den Nipf zu nehmen vermögen.

Video

EIN SPATZ, DER TÖTET
DER NEUNTÖTER

Es gibt eine legendäre Familienanekdote über meinen kleinen Bruder, die sich in den 70er-Jahren des vergangenen Jahrhunderts zutrug. Alex (richtiger Name dem Autor bekannt, Red.) war gerade allein zuhause, als es an der Wohnungstür klingelte. Er holte sich einen Hocker, um sich in eine Position zu bringen, aus der er durch den Türspion sehen konnte, und öffnete danach die Wohnungstür. Auf die Frage, warum er entgegen der eindringlichen elterlichen Ermahnung, Fremden auf keinen Fall aufzumachen, einem

Steht auf Schaschlik: der Neuntöter

ihm unbekannten Mann dennoch Zutritt zur Wohnung gewährt habe, antwortete Alex bündig, dass der Mann ja keine Kappe aufgehabt habe.

Burglars Filminfo

Natürlich hatte mein kleiner Bruder vollkommen recht. Wie jeder Mensch aus Film, Fernsehen und einschlägigen Bilderwitzen weiß, erkennt man Einbrecher daran, dass sie eine Schiebermütze tragen. Keine Kappe, kein Verbrecher! Stimmt nicht ganz, aber mein kleiner Bruder war damals wirklich noch ziemlich klein. Was er nicht wusste: Ein weiteres untrügliches Indiz für kriminelle Tunichtgute ist diese schwarze Augenbinde, die man von den Panzerknackern kennt. Und, apropos Maske: Bei Vögeln verhält es sich genauso. Eigentlich sieht der Neuntöter, der kaum größer als ein Spatz ist und generell eine etwas spatzenhafte Anmutung hat – die Farbpalette, die der Schöpfer bei der Gestaltung des

Federkleids verwendet hat, ist so ziemlich die gleiche –, recht harmlos aus. Wäre da nicht die Maske. Und natürlich der Name, der eigentlich schon alles verrät.

Der Neuntöter gehört der Familie der Würger an, deren kleinster Vertreter er ist, was ihn nicht davon abhält, größere Insekten, Spinnen und kleinere Wirbeltiere zu killen und – Triggerwarnung: Das verlinkte Video ist für Menschen, die durch Fakirunfälle traumatisiert wurden, nicht geeignet – auf Dornen aufzuspießen. Dass der Neuntöter erst neun Viecher getötet haben muss, ehe er das erste Stück von seinem Schaschlik konsumiert, ist freilich bloß Folklore.

Video

Der Neuntöter wird auch Rotrückenwürger genannt, was am rotbraunen Mantel des Männchens liegt; derjenige des Weibchens ist dunkelbraun, wobei der Sexualdimorphismus bei *Lanius collurio* überhaupt ziemlich deutlich ausgeprägt ist: Die Weibchen tragen keine schwarze Maske, sondern sind eher stark geschminkt. Gemeinsam ist beiden Geschlechtern, dass sie dankbare Anfängervögel für angehende Birder sind, weil sie in offenen Landschaften exponiert auf Hecken, Sträuchern oder – wenn das Korn noch steht – auch auf einzelnen Ähren hocken und sich nach ihrem nächsten Opfer umsehen.

JODELDIPLOM MIT AUSZEICHNUNG
DER PIROL

Der Übergang vom Sommer zum Herbst ging zuletzt ziemlich zügig vonstatten, und dazu passt es irgendwie, dass The Elusive King of Yellow jetzt auch schon wieder auf dem Rückweg in seine afrikanischen Überwinterungsgebiete ist. Und das ist auch das Kreuz mit diesem etwa amselgroßen Vogel: So auffällig sein monarchisch gelb-schwarzes Federkleid auch ist, man kann Oriolus oriolus wesentlich öfter und besser

Gut zu hören, schwer zu sehen: der Pirol

Vogelgesang

hören als sehen. Oft genug ist es dem FaVoWa passiert, dass er im Wald steht und dem unverwechselbaren harmonische Flöten lauscht, das wahlweise als „dü-lio-liu", „fo-FLÜH-füo" oder auch als „kuhaa kiehuu" verschriftlicht wird (Letzteres ist übrigens Finnisch und bedeutet „Der Zander kocht"), den verdammten Vogel aber ums Verrecken nicht zu Gesicht bekommt, obwohl der da irgendwo nur ein, zwei Dutzend Meter vor ihm im Geäst hockt. Er tut dies mit Vorliebe in den hohen

Kronen von Laubbäumen, zum Beispiel in dem Wäldchen zwischen Telephonweg und Niklas-Eslarn-Gasse unweit der Seestadt, wo er allenfalls als gelber, in Sekundenbruchteilen vorbeischießender Blitz auszumachen ist.

Zu heraldischen Ehren hat es der Pirol im Wappen des mecklenburgischen Adelsgeschlechtes derer von Bülow gebracht. Dieses zeigt einen Helm mit blau-goldenen Decken, zwischen denen ein Pirol mit einem goldenen Ring im Schnabel sitzt. Aus diesem Grund hat sich der deutsche Humorist und Zeichner Vicco von Bülow als Künstlernamen auch den französischen Namen des Pirols zugelegt: Loriot. Das Jodeldiplom, das in einem legendären Sketch des deutschen Humoristen thematisiert wird, hätte der Pirol sicher mit Auszeichnung bestanden!

Waldvogel-Studie

Jodelschule

HOUSE RAVENCLAW

DER RABE

Harry-Potter-Fans sind mit dem Umstand vertraut, dass Ravenclaw auf dem Campus von Hogwarts jenes Haus ist, in dem die besonders schlauen Zauberschüler und vor allem -schülerinnen sitzen, denn die bekanntesten von ihnen sind alle Mädchen: Luna Lovegood, Cho Chang oder Padma Patil. Gewiss wollte Joanne K. Rowling mit der Namensgebung auf die legendären kognitiven Fähigkeiten der Rabenvögel anspielen. Corvidae gibt es praktisch überall auf der Welt, sie sind im arktischen Treibeis ebenso zuhause wie in Wüsten, im Hochgebirge und in Städten. Und sie sind ausgesprochene Intelligenzbestien. Zugleich haftet ihnen ein düster-diabolisches und unheimliches Image an, was damit zu tun haben dürfte, dass die Bekanntesten unter ihnen – Krähen und Raben – ziemlich groß und ziemlich schwarz sind. Sie formieren sich zu Schwärmen, fressen Aas und machen sich

Der Kolkrabe ist der Wappenvogel der Schwarzen Romantik

„The Birds“

The Simpsons

sehr gut auf Galgen und Grabsteinen, schöpfen ihr pittoreskes Schauerpotenzial aber auch auf Klettergerüsten von Schulspielplätzen voll aus. Edgar Allan Poe hat mit seinem Poem „The Raven“ den Raben endgültig zum Wappentier der Schwarzen Romantik erhoben – und die Simpsons-Folge „Treehouse of Horror“ ermöglicht es Englischlehrerinnen, auch eine lyrikscheue Schülerschaft damit zu konfrontieren.

In der Familie der *Corvidae* bilden Raben und Krähen gemeinsam die Gattung *Corvus*. Sie sind also nahe verwandt, aber nicht dasselbe. Umgangssprachlich leger werden mitunter auch die Krähen als Raben bezeichnet. Tatsächlich sind mit Raben aber die Kolkraben *(Corvus corax)* gemeint. Die sind ein ganzes Stück größer als Krähen und kommen – entgegen den Behauptungen des Titelhelden aus Michael Köhlmeiers Roman „Matou“, eines oberg'scheiten Katers, definitiv nicht im Augarten vor.

Kolkraben sind sehr beeindruckende und wunderschöne Tiere. Das Adjektiv „kohlrabenschwarz“ kommt nicht von ungefähr und bezeichnet einen Farbton von majestätischer Tiefe und Intensität. Raben hocken auf den Schultern von Odin/Wotan oder auch auf dem Arm des FaVoWa, wenn dieser die Forschungsstation Haidlhof besucht, wo man kognitionspsychologische Experimente mit Kolkraben durchführt (sodass diese an menschliche Präsenz gewohnt sind). Tatsächlich sind Kolkraben – sehr im Unterschied zu den notorisch neugierigen und demontierungsfreudigen Keas, mit denen man am Haidlhof ebenfalls arbeitet – aber neophob, sprich: misstrauisch gegenüber allen Neuerungen und Veränderungen. Und dafür hat der FaVoWa, wie er gestehen muss, ziemlich viel Verständnis.

Forschungsstation Haidlhof

GLÄNZEND GERÜSTET
DER RAUBWÜRGER

Mein liebster Halbtagesbirdingausflug führt in die March-Thaya-Auen und verläuft in seiner Minimalvariante von Hohenau nach Bernhardsthal oder von Bernhardsthal nach Hohenau. Die Extended Version geht dann weiter nach Süden, wo man schließlich auf historisch hochbedeutendes Gelände gerät, denn in der Schlacht bei Dürnkrut und Jedenspeigen hat Rudolf I. im Jahr 1278 Ottokar II. Přemysl besiegt. Ottakar fiel auf dem Felde, der siegreiche Habsburger ließ dessen Leichnam ein halbes Jahr in Wien zur Schau stellen. In der zeitgenössischen Literatur soll Rudolf als „hu-

Ein Ritter der Tafelrunde: der Raubwürger

morvoll und volkstümlich" beschrieben worden sein – aber man weiß ja, was man auf mittelalterliche Herrscherdarstellungen geben kann.

Koordinaten

In Hohenau sehe ich in jedem Falle einmal zu den Vogelschauplätzen östlich der Zuckerfabrik und radle dann weiter in Richtung Ringelsdorfer Beringungsstation. Offiziell heißt die Ringelsdorfer Beringungsstation „Biologische Station Hohenau – Ringelsdorf", was aber lange nicht so gut klingt.

Die Beringungssaison wurde am 31. Oktober 2022 beendet und zeitigte erstaunliche Ergebnisse: Die Top 5 unter den Fänglingen waren in diesem Jahr Sumpfrohrsänger, Rauchschwalbe, Schilfrohrsänger, Feldsperling und Kohlmeise, der 100.000 gefangene (und danach natürlich wieder freigelassene) Vogel ein Feldspatz – die scheinen es dort mit dem Zählen wirklich ernst zu nehmen.

Als ich zuletzt bei der Ringelsdorfer Beringungsstation vorbeikam, machte mich ein freundlicher Beringer auf die Sichtung eines Raubwürgers gleich in der den benachbarten Acker begrenzenden Baumzeile aufmerksam. Und tatsächlich fiel es mir nicht schwer, diesen zu entdecken.

Raubwürger sind hierzulande sehr selten, aber nichtsdestotrotz sehr sichtbar. Verglichen mit dem ebenfalls zur Familie der Würger zählenden → Neuntöter wirken sie ziemlich groß, dabei haben sie gerade einmal Amselformat. Vor allem aber sitzen sie sehr exponiert auf ihren Sitzwarten und haben aufgrund ihres ausschließlich in den Nichtfarben Schwarz, Weiß und Grau gehaltenen Federkleides eine edle „Knight-in-Shining-Armour"-Anmutung. (Die Tischmanieren sind weniger edel, denn so wie auch der Neuntöter spießt der Raubwürger seine Beute – hautpsächlich Käfer, aber auch Amphibien und Wirbeltiere – auf Dornen auf).

Gefährdeter Raubwürger

Indes weckt auch der lateinische Name des Raubwürgers, *Lanius excubitor* (Excubitor = Wächter), Assoziationen an Tafelrunden, Turniere und Schwerter, die heißen wie Ballermannerlebniseinkaufscluster. Seltsamerweise ist der Raubwürger allem Anschein nach aber mythologisch unternutzt – lediglich der Asteroid (8591) Excubitor wurde nach ihm benannt.

Excalibur-city

Zieht in riesigen Schwärmen nach Afrika: die Rauchschwalbe

HASEN DER LÜFTE
DIE RAUCHSCHWALBE

Die Stimmung auf der Donauinsel war trotz des aprilligen „Naja"-Wetters dennoch prächtig gewesen, denn die Luft war erfüllt vom Zwitschern, Trillern, Quietschen und Schnarren. Sie schossen millimeterknapp übers Wasser, flitzten durch die Lüfte, hockten zu Dutzenden auf den Bäumen. Auch das macht noch keinen Sommer – was für ein blöder Spruch! –, aber zumindest Frühlingsgefühle. Die Schwalben sind also wieder zurück, zurück von ihrem 10.000 Kilometer langen Trip aus den afrikanischen Winterquartieren. Im Unterschied zur individualistischen → Mehlschwalbe zieht die Rauchschwalbe in riesigen Schwärmen nach Norden beziehungsweise (im September) nach Süden. Die Rauchschwalbe ist darüber hinaus die einzige Schwalbenart, die sowohl in der Alten als auch in der Neuen Welt vorkommt. Und sie spielt in Sachen Wendigkeit in einer ei-

Rauchschwalbenschwarm

genen Liga, quasi: Hase der Lüfte. Die Haken, die sie schlägt, sind so beschaffen, dass sie ein Abbiegemanöver im rechten Winkel auf einer Strecke hinkriegt, die geringer ist als ihre eigene Körperlänge (circa 20 Zentimeter). Weder mit der Rauch- noch mit der Mehlschwalbe auch nur verwandt, sind die Kampfgeschwader jener Vögel, die man demnächst wieder schreiend durch die Häuserschluchten der Stadt fetzen sehen wird können: die → Mauersegler.

SAMURAI DER DONAU
DIE REIHERENTE

Wenn man zu faul ist, einen Ausflug in die Au oder den Wienerwald zu unternehmen, kann man immer noch an die Neue Donau fahren und nach Enten Ausschau halten. Wobei man zwei Dinge zu meiden trachte: Gegenwind und Gegenlicht. Gegenwind und Gegenlicht sind ganz generell ein G'frett, Letzteres kann man beim Birdwatching aber schon gar nicht brauchen, denn Vögel aus einiger Distanz auf einer spiegelnden Wasseroberfläche identifizieren zu wollen, ist so aussichtsreich wie Lachsfang mit dem Lasso.

Eine Variante einer gewaltfreien Entenpirsch könnte auf der Donauinsel auf Höhe Donaustadtbrücke beginnen. Wenn man dort am Südwestufer der Neuen Donau Richtung Bratislava, Budapest und Belgrad radelt, gelangt man sehr bald einmal zu der vom FaVoWa so genannten „Krickentenbucht", wo man gute Chancen hat, auf die ebenso hübschen wie scheuen → Krickenten zu treffen. Von dort würde der FaVoWa dann etwa weiter zum Toten Grund fahren, einem ehemaligen Überschwemmungs- und nunmehrigen Naturschutzgebiet, um schließlich beim Kraftwerk Freudenau überzusetzen und am Südwestufer der Donau über die Praterauen und die Prater Hauptallee heimwärts zu strampeln.

Koordinaten

Beherscht einen drolligen Tauchsprung: die Reiherente

Video

Toshirō Mifune

Ob Donau oder Neue Donau, überall wird man unweigerlich Enten begegnen, darunter auch der Reiherente. Diese ist hier die neben der Stockente häufigste Allerweltsente. Sie zählt zum Tribus der Tauchenten und führt einen Tauchsprung aus, der sehr drollig anzusehen ist (hier bei 0:57 und 1:48). Darüber hinaus zeichnet sie sich unter anderem durch die schwarze Schnabelspitze, ihre leuchtend gelben Augen und (beim Männchen) durch ihren Samurai-Schopf aus. An dieser Stelle möchte ich an alle meine Geschlechtsgenossen, insbesondere aber an jene, die aus biologisch realistischer Sicht das Anrecht auf ihre Mildlife Crisis bereits verwirkt haben, die dringliche Aufforderung richten, von Samurai-Frisuren Abstand zu nehmen. Es sieht wirklich nur bei Toshirō Mifune cool aus.

1 X „KLATSCH“, 5 X „DU“
DIE RINGELTAUBE

Tauben sind wohl die Vögel, die bei den meisten Menschen mit der geringsten Sympathien rechnen dürfen. Das Ressentiment gilt dabei in erster Linie der gemeinhin schlicht als → Taube bezeichneten Stadt- oder Straßentaube, die ihrerseits von der Felsentaube abstammen dürften. Darüber hinaus gibt es aber noch Hunderte anderer Tauben, die in exotischen Gegenden so exotisch aussehen, wie sie heißen –

Auffällig, lebhaft und laut: die Ringeltaube

zum Beispiel die Paradies-Fruchttaube, die Bartlett-Dolchstichtaube oder die Gelbe Fidschi-Flaumfußtaube.

So bunt geht es bei uns leider nicht zu, da macht auch die Ringeltaube keine Ausnahme. Sie ist klar die größte heimische Taubenart und weist in etwa dasselbe Farbspektrum auf wie die Stadttaube: grau in grau, eventuell mit etwas metallisch violettem und grünlichem Schimmer im Bereich des Halses und der oberen Brust, in jedem Falle aber mit einem deutlich ausmachbaren weißen Halsfleck und weißen Querbändern auf der Flügeloberseite.

In ihrem Buch „Federnlesen" schreibt Johanna Romberg fast bedauernd: „Trotz ihrer Schönheit hat die Ringeltaube nur wenige Fans. Weil sie, zum einen, sehr häufig ist, zum anderen auch noch auffällig, lebhaft und ziemlich laut". Letzteres scheint mir keine schlüssige Begründung, denn das gilt ja auch für Bunt- und Grünspechte, und die haben doch viele Fans.

Restaurant

Im Englischen heißt die Ringeltaube *wood pidgeon*, was auf deren Vorliebe für Nadelwaldbestand verweist. Im Londoner Lokal The Shed, das nachhaltige „Farm-to-Fork-Menus" anbietet, habe ich schon einmal Ringeltaube gegessen. Meine Frau meint, das Fleisch sei „schlatzig" gewesen, aber das ist Quatsch und nur eine Projektion ihres Taubenekels.

Ringeltauben kommen auch in der Stadt vor und sind akustisch leicht zu identifizieren. Gerne sitzen sie in den dürren Wipfeln der höchsten Bäume, von wo sie mit einem lauten Klatschgeräusch abfliegen, dass an nasse Leintücher denken lässt. Wenn sie gurren, machen sie „du – du – du – – du – du". Das unterscheidet sie von der Türkentaube, deren Gurren nur dreisilbig ist.

ES RAPPELT IM RÖHRICHT
DIE ROHRSÄNGER

Das Angebot an Vogelarten, die in Komposita mit „Rohr-“ vorkommen, ist beachtlich. Sie umfasst „Rohrschwirle“, „Rohrammern“ und „Rohrsänger“; wobei der Plural in Hinblick auf Arten nur bei Letzteren angebracht ist: Es gibt den Rohrschwirl und die Rohrammer, aber es gibt Schilf-, Teich- und Drosselrohrsänger; den Seggen- und Mariskenrohrsänger, die ohnedies kein Schwein von einem Schilfrohrsänger unterscheiden kann, tun wir jetzt einfach mal als manierierte Raritätsafferei ab.

Der Schilfrohrsänger selbst hingegen ist dankenswerterweise „wenig scheu und daher leicht zu beobachten“ (Svensson), was der FaVoWa bestätigen kann. Das manifestiert sich unter anderem in Singflügen, während der sie aus dem Röhricht hochfliegen, wie sie überhaupt nicht nur im Schilf, sondern in allerlei Vegetation und Flora zu finden sind, die zum Beispiel Gräben und Kanäle begleitet.

Insgesamt kann man aber schon sagen, dass sich Rohrsänger (wir wiederholen uns) hauptsächlich im Röhricht aufhalten, was dazu führt, dass sie oft besser zu hören als zu sehen sind (oder, um es nach Otto Waalkes zu formulieren: „Weil man es besser hörte, wenn es im Röhricht röhrte“).

Otto Waalkes

Vor einigen Jahren hat der FaVoWa auf der BirdExperience an einem Vogelstimmenidentifizierungsworkshop teilgenommen, wo ihm der Unterschied zwischen den verschiedenen Rohrsängern und -schwirln bündig erklärt wurde. Also: Der Rohrschwirl klingt eher wie eine Fusion aus Insekt und Sprinkleranlage; der Teichrohrsänger ist des streng gehaltenen Taktes wegen der „Metronomvogel“, und der Schilfrohrsänger wurde aufgrund seines Gesanges sehr überzeugend als „Der Irre mit dem Maschinengewehr“ identifiziert.

Video

Des FaVoWa akustischer Liebling: der Drosselrohrsänger

Mein akustischer Liebling ist freilich der Drosselrohrsänger, der klingt, als hätte er eine Ratsche oder Knarre eingebaut. Wenn man im Mai oder Juni am Josefsteg in der Lobau ein wenig die Ohren spitzt, dann sorgen das Flöten des Pirols und das Geknirsche des Drosselrohrsängers für so ziemlich den schrägsten akustischen Kontrast, den man von der heimischen Vogelwelt erwarten kann.

EVERYBODY'S DARLING
DAS ROTKEHLCHEN

Alle Menschen mögen Rotkehlchen. Auch die bekanntermaßen vogerlnarrischen Briten. Als Birdwatcher David Lindo, bekannt als „The Urban Birder", 2015 eine Kampagne zur Wahl des „National Bird" lancierte, an der sich schlussendlich über eine halbe Million Menschen beteiligten, konnte das Rotkehlchen die Schleiereule ganz klar auf Platz zwei verweisen.

Im Englischen heißt das Rotkehlchen *robin*. Das ist nicht nur der Assoziation mit dem allseits beliebten Robin Hood wegen, sondern auch insofern von Vorteil, als sich zumindest das Partizip *bobbin'* darauf reimt, das Formen ruckartiger Bewegung wie wippen, wackeln oder hüpfen bezeichnet. „When the Red Red Robin Comes Bob Bob Bobbin' Along" lauten Titel und Refrain eines Popsongs von 1926, der von Dutzenden Interpreten und Interpretinnen gecovert wurde, u.a. von Al Jolson, Louis Armstrong, Carmen McRae, Dean Martin, Mel Tormé oder Bing Crosby. Es ist ein etwas penetranter Song für Frühaufsteher, der uns anhält, gut drauf zu sein: „Live, love, laugh and be happy" – als ob das immer so leicht wäre. Ich persönlich bevorzuge das melancholischere „Bye, Bye Blackbird" aus demselben Jahr, aber zur → Amsel sag' ich jetzt lieber gar nichts mehr, das hat

Bing Crosby

„Bye, Bye Blackbird"

Der Gesang des Rotkehlchens umfasst 275 verschiedene Motive

wieder nur Drohschreiben von der LAA („Liga der Amsel-Ablehner:innen“) à la „Wir wissen, wo dein Fahrrad steht“ zur Folge.

Im Deutschen gibt es kein Reimwort auf Rotkehlchen, der Name ist dreisilbig und zwar auch noch ein Dáktylus. Rótkehlchén geht gar nicht im Unterschied zu → Wíedehópf, der über Verse wie „Dem Wiedehopf, dem Wiedehopf / dem hau’n wir gerne auf den Kopf! / Fiderallala ...“ aber ohnedies nicht allzu begeistert sein dürfte. All das sind Gründe, warum das Rotkehlchen, dieser beherzte Sänger, im Deutschen selber ziemlich unbesungen bleibt. Die Welt ist ungerecht, Heckenbraunelle und Klappergrasmücke können ebenfalls ein Lied davon singen.

Apropos singen. Der Gesang des Rotkehlchens umfasst angeblich 275 verschiedene Motive. Hören kann das natürlich kein Mensch. Johanna Romberg, die vom Rotkehlchen-Lied ganz hingerissen ist, gesteht, dass dieses „keine Melodie, keinen Rhythmus, keine Laute", ja nicht einmal „einen erkennbaren Anfang oder ein Ende" habe. Allerdings sehe sie beim Hören „einen Wassertropfen vor mir, sehr kühl und sehr klar, der an einer Fensterscheibe herunterrinnt. Nicht gleichmäßig, sondern stockend, in einer unregelmäßigen Zickzackbahn". Sollte das nur mäßig hilfreich bei der Identifizierung sein, hier ein kleiner Zusatztipp: kleiner Vogel mit ziegelroter Brust, der sich einen abzwitschert – Rotkehlchen!

THE EARLY BIRDS
ROTSCHWÄNZE

„Der frühe Vogel fängt den Wurm" lautet auf Deutsch, etwas hölzern anmutend, die nicht sonderlich sympathische Binsenweisheit, dass früh aufstehen müsse, wer es zu etwas bringen oder sich auch nur selbst erhalten will. In Sachen Frühaufstehertum haben unter den heimischen Singvögeln eindeutig die Rotschwänze den Schnabel vorn – jedenfalls sofern man sich auf die Vogeluhr des NABU (= Naturschutzbund Deutschland) verlässt. Diese zeigt an, dass der Gartenrotschwanz 80, der Hausrotschwanz 70 Minuten vor Sonnenaufgang mit dem morgendlichen Gezwitscher dran ist. Als Hauptschlafmütze des Reiches macht der NABU übrigens den → Buchfink aus. Wem das nicht passt, der kann sich an die Servus-Vogeluhr halten, die den Gartenrotschwanz zwar ebenfalls als *earliest bird* führt, ansonsten aber *alternative facts* anbietet, denen zufolge der Hausrotschwanz erst eine halbe Stunde nach seinem hortikulturel-

Vogeluhr des NABU

Servus-Vogeluhr

Vom Gebirge in die Stadt gezogen: der Hausrotschwanz

len Verwandten loslegt, und die Mehlschwalbe bis in den lichten Tag hinein büselt.

Der FaVoWa will sich in dieser Angelegenheit nicht allzuweit aus seinem Schlafzimmerfenster lehnen, kann aber bestätigen, dass er den Hausrotschwanz durch eben dieses tatsächlich schon in aller Herrgottsfrühe (sprich: finsterster Nacht) hat zwitschern hören. Gut zu identifizieren ist der „Gesang“ des Hausrotschwanzes dadurch, dass nach dem initialen Gezwitscher eine kurze Pause kommt, worauf ein Knirschen ertönt, das beim FaVoWa stets die Assoziation „Kabelbrand“ auslöst (obgleich er über keinerlei einschlägige Erfahrungen auf diesem Gebiet verfügt).

Vogelgesang

Im Übrigen hat es der frühe Vogel gar nicht so sehr mit dem Wurm, denn als Angehörige der Familie der Fliegenschnäpper (Muscicapidae) sind die Rotschwänze eigentlich hauptsächlich auf Insekten aus. Wie der Name nahelegt, begegnet man ihnen in Haus und Garten, wobei sich der Hausrotschwanz, der vor 250 Jahren noch ausschließlich im Gebirge beheimatet war, tatsächlich gerne an exponierten Stellen auf Dächern, Gebäudekanten und Baustellen aufhält. Als Wartenjäger erblickt man ihn oft nur in Untersicht, weswegen das auffälligste Merkmal, der rostrote Schwanz, oft nicht zu sehen ist und die fast einheitlich graubraunen Weibchen eigentlich auch dem Team LBJ (Little Brown Jobs) zugeschlagen werden könnten, wohingegen die Testosteronfraktion durch die schwarze (Kehle und Brust) respektive rostrote (Bauch) Vorderfront unschwer zu identifizieren ist. Beim männlichen Gartenschwanz kommt ein weißer Überaugenstreif hinzu, und das Rostrot setzt bereits unter der Kehle an.

HOUSE RAVENCLAW
DIE SAATKRÄHE

Der Frühling macht sich nicht zuletzt dadurch bemerkbar, dass das Amselpaar in meinem Hof amselige Aktivitäten entfaltet und amselige Geräusche von sich gibt. Eine weitere Frühlingsoffensive kann man sehr gut Im Werd beobachten und belauschen, wo sich der derzeit vermutlich akustisch auffälligste Baum der Leopoldstadt befindet: eine Platane, auf der sich die → Stieglitze aka Distelfinken grad wegzwitschern.

Koordinaten

Das nur als atmosphärische Einbettung. Mit den Vögeln, die hier und heute vorgestellt werden sollen, hat das nur peripher zu tun. Die Saatkrähen zwitschern auch nicht, sondern machen „krah“. Singvögel sind sie trotzdem. Außerdem fallen Saatkrähen unter die Wiener Jagd- und Naturschutzbestimmungen sowie die Vogelschutzrichtlinie der

EU, weswegen man die auch nicht abknallen, aufhängen oder abfackeln darf – alles abscheuliche Aktivitäten, die aus abergläubischer Atrozität über Jahrhunderte ausgeübt wurden.

Weil die Saatkrähen im Winter aus dem Nordosten angereist kommen (wobei der Zuzug der milden Winter wegen stark nachgelassen hat), wurden sie früher auch „Russen" genannt. Wenn's dort dann nicht mehr so kalt ist, fliegen sie wieder heim – und das ist auch das Thema des vielleicht berühmtesten Bildes des russischen Malers Alexei Savrasov (1830–1897): „Die Saatkrähen kehren zurück". Die Anzahl der Wintergäste – Saatkrähen überwintern nur im Osten Österreichs – ging früher in die Hunderttausende, liegt heute aber eher im fünfstelligen Bereich.

Gemälde

Die Unterscheidung zwischen Saat- und Rabenkrähe ist bei Jungvögeln nicht ganz leicht, weil die Saatkrähen da noch nicht den für sie typischen „grindig grauen Ansatz" an der Schnabelbasis haben. Das Adjektiv, das der deutsche Zoologe und wunderbare Sachbuchautor Josef H. Reichholf hier gebraucht, ist übrigens nicht – so wie im Alltagsgebrauch des Wienerischen – despektierlich gemeint, sondern strikt deskriptiv. Weitere spezifische Merkmale: Die Saatkrähe trägt Pluderhosen, hat ein stärker ölfilmartig irisierendes Gefieder, und das Verhältnis von Kopf zu Schnabel wirkt irgendwie seltsam. In seinem Buch „Crow Country" schreibt Mark Cocker von einem „Missverhältnis" und meint, mäßig charmant: „The pickaxe bill is twice the length of the skull and the way it erupts from its sheath of warty grey suggests the proportions and character of a really big broken nose on a man."

Lektüre

Es lässt sich aber auch viel Gutes und Freundliches über die Saatkrähen sagen. Wie alle Krähen sind sie superschlau, sie können zählen, leben monogam und pflegen Freundschaften (und Feindschaften). Im Unterschied zu → Raben-

Die Saatkrähe treibt sich gerne auf Friedhöfen herum

krähen, die sich von ihren Artgenossen separieren und die man allenfalls paarweise oder als Kleinfamilie antrifft, sind sie ausgesprochen sozial und in großen Verbänden unterwegs. Wenn man also ganze Scharen von großen schwarzen Vögeln mit mächtigen Schnäbeln sieht, handelt es sich mit großer Wahrscheinlichkeit um Saatkrähen. In Wien scheinen sie sich übrigens besonders gerne auf Friedhöfen herumzutreiben und machen dort gerne Schabernack mit leeren Grablichtern.

MANNSCHAFTSSPORTLER:INNEN

DIE SCHELLENTE

Aus der Sicht eines Birdspotters sind Enten eine dankbare Vogelart, genau genommen: eine dankbare Unterfamilie (*Anatinae* im Unterschied zu den *Anatidae*, der Familie der Entenvögel, zu denen auch noch Gänse und Schwäne zählen). Für unsere Zwecke reicht der alltagssprachliche Gebrauch vollkommen aus – ganz im Sinne des sogenannten „Ententests", der besagt: „Wenn es aussieht, schwimmt und quakt wie eine Ente, dann ist es wahrscheinlich eine Ente." Dankbar aber sind Enten deswegen, weil sie sich in der Regel auf gut einsehbaren Wasseroberflächen befinden und nicht allzu schnell und hektisch bewegen. Allenfalls die Entfernung kann zum Problem werden, weswegen die Vogelbeobachtungsindustrie auch die entsprechenden Geräte in einem nach oben offenen Preissegment anbietet.

Vogelbeobachtung Spektive

An einem sonnigen, warmen und praktisch windstillen Samstag begab sich der FaVoWa auf die Donauinsel. So wie eh fast alle: Halb Wien hatte sich an diesem „Wintertag" aufgemacht, um zu radeln, zu skaten, zu kiffen, mit Anlauf in die Neue Donau zu happen (Kommentar: „schon kalt") oder eben nach „unfaden Ant'n", also nicht langweiligen Enten, Ausschau zu halten. Der Begriff ist taxonomisch unsinnig und ethisch fragwürdig, aber nichtsdestotrotz brauchbar: Er bezeichnet alle Vögel auf der (Neuen) Donau, bei denen es sich nicht um Stockenten, Blesshühner, Lachmöwen, Kormorane oder Höckerschwäne handelt.

Es bedurfte einer gewissen Ausdauer und Geduld, denn die ersten acht Kilometer von der Donaustadtbrücke Richtung Südosten war ein einziges Fad-Ant'n-Inferno. Tut mir leid, aber Blesshühner sind wirklich langweilig. Dann aber! Unterhalb der Gerhard Weber Wehrbrücke endlich eine Gruppe interessanter Enten und zwar exakt in Stärke ei-

Wehr 2 Neue Donau

Es darf vermutet werden, dass Schellentenweibchen Fußball spielen

ner Fußballmanschaft: graubraunes Federkleid und weiße Brust; auffällig runder, kastanienbrauner Kopf, gelbe Iris, eher kurzer Schnabel mit oranger Spitze. Schwammen und tauchten – Letzteres fast synchron: Innerhalb weniger Sekunden waren alle quasi ansatzlos unter Wasser, was sehr possierlich aussah (an dieser Stelle möchte ich alle, die guten Willens sind, herzlich dazu auffordern, dieses Adjektiv wieder in ihren aktiven Wortschatz aufzunehmen und vorm Aussterben zu bewahren).

Das Erstaunliche: Ich konnte kein einziges Männchen entdecken, welches sich durch seinen grünen Kopf und den weißen Zügelfleck hinterm Schnabel deutlich von seinen weiblichen Artgenossinnen unterscheidet. Meine Erklärung: Entweder hatten die noch nicht ihre Kampfdressen

(= Prachtkleid) angelegt, oder es war mir tatsächlich gelungen, eine Frauenfußballmanschaft Schellenten beim Training zu beobachten.

MÄNNCHEN SIND MITGEMEINT
DER SCHELLERPEL

Zu den Fragen, die ich nicht beantworten könnte, gehört die nach meiner Lieblingsentenart. Ich bin nicht nur unschlüssig, welche das sein könnte, ich bin nicht einmal sicher, ob man sowas haben muss. Machen lässt es sich zweifelsohne. Ich kann mich an eine Begegnung mit einem hochgradig entenkompetenten Menschen erinnern, der über die Frage keine Sekunde nachdenken musste: „Spießente!" Oder war's doch die Pfeifente?

Ich tendiere momentan leicht zur Schellente – wobei Krick-, Knäck- und Schnatterente: schon auch fesch! Sagen wir einmal so: Ich interessiere mich derzeit verstärkt für die Schellente und würde gerne einen kleinen Beitrag zur Hebung des gesamtgesellschaftlichen Schellenteninteresses leisten. Aus diesem Grund gibt es an dieser Stelle einen astreinen Schellentennachzieher.

Zur Erinnerung: Der FaVoWa hatte an der Neuen Donau eine fußballmannschaftstarke Gruppe von allem Anschein nach ausschließlich weiblichen Schellenten gesichtet.

Generisches Femininum

Die „weiblichen Enten" sind in diesem Falle kein Pleonasmus (wie etwa „weibliche Ornithologinnen"), weil die Ente eines von den im Deutschen eher seltenen generischen Feminina darstellt: Die Männchen sind mitgemeint; wollte man ihre geschlechtliche Identität eigens benennen, müsste man wohl von Schellerpeln sprechen.

Koordinaten

Jedenfalls habe ich mich unlängst wieder an den Ort meiner letzten Schellentensichtung begeben. Abgesehen davon,

Zu erkennen am weißen Zügelfleck: die männliche Schellente

dass mich das Phänomen der beobachteten Geschlechterasymmetrie umtrieb, schien es mir auch angezeigt, wieder einmal zur Gerhard Weber Wehrbrücke zu radeln. Ich habe nämlich den entschiedenen Eindruck, dass der Gerhard Weber Wehrbrücke nicht die Aufmerksamkeit zuteil wird, die diese verdient. Keinesfalls möchte ich unter jene fallen, die am Jüngsten Tag wegen obstinater Gerhard-Weber-Wehrbücken-Missachtung ewige Verdammnis ausfassen.

Und siehe da, am 10. Februar gegen 17 Uhr sah die Sache – falls es jemand entfallen sein sollte: auf Höhe der Gerhard Weber Wehrbrücke – schon ganz anders aus. Eindeutige Schellerpelpräsenz! Ganz klar auszumachen am schwarz-grün schillernden Köpfchen, dem reinweißen Brustgefieder und dem weißen Zügelfleck hinterm Schnabel. Und der Tauchsprung ist – ganz unabhängig vom Geschlecht – noch immer unfassbar drollig!

Video

EIN VORBILD FÜR UNS ALLE

DIE SCHWANZMEISE

Man muss nicht unbedingt gleich eine Band gründen, man kann einfach einen Bandnamen erfinden, auch das ist eine unterhaltsame und darüber hinaus den Mitmenschen gegenüber sehr rücksichtsvolle Freizeitbeschäftigung. Wobei sich der Schwierigkeitsgrad dieses Spiels dadurch erhöhen lässt, dass man Genre-Vorgaben macht: The Marlon Brando Massacre wäre wohl Metal, Poison Candy vielleicht Girl Punk, The Derridadas Hornbrillen-Pop und Monsters of Cuteness kämen für einiges in Frage, auch dafür, dass die Bassdrum eine Schwanzmeise ziert.

Für den FaVoWa zählen Schwanzmeisen zu den heißesten Anwärterinnen auf den Titel „Putzigster Vogel unserer Breiten“. Schwanzmeisen sehen ein bisschen aus wie eine Kreuzung aus Wattebausch und Dartpfeil. Wobei der Schwanz tatsächlich den halben Vogel ausmacht. Auf Englisch heißen sie *long-tailed tits,* und es ist schon ziemlich verwunderlich, dass es für diese geselligen Vögel, die man meist in Grüppchen antrifft, kein eigenes *collective noun* gibt. Nämlich nicht nur für Schwanzmeisen, sondern ganz generell für Meisen nicht.

Collective nouns

Finken treten in *charms* auf, Stare formieren sich zu *murmurations,* Eulen finden sich in einem *parliament* zusammen, Krähen und Raben terrorisieren ihre Umgebung als *a murder* beziehungsweise *an unkindness,* wohingegen Schnepfenversammlungen hochtrabend als *prayer* oder *pantheon* bezeichnet werden, und für das Rotkehlchen überhaupt acht verschiedene Sammelnamen zur Verfügung stehen, unter anderen: *a blush, a carol, a riot, a rouge* ... Aber Meisen? Fehlanzeige. Ich finde, die Royal Society for the Protection of Birds (RSPB) – oder wie John Cleese sagen würde: The Royal Society for the Prevention of Birds – sollte

Der Tischtennisballeffekt bei der
Schwanzmeise *(caudatus)* ist umwerfend süß

einen Preis für die Findung eines *collective noun* für Meisen ausloben. Mein Vorschlag: *a flurry of tits.*

Ansonsten möchte ich mich heute gar nicht allzu sehr über den Vogel der Woche verbreiten, der im Svensson völlig zu Recht als „wenig scheu, aber rastlos und oft nur kurz zu sehen" beschrieben wird und in Wien nicht unhäufig anzutreffen ist, sondern das Wort an eine Celebrity-Schwanzmeisengutfinderin delegieren und zwar an die in Bad Belzig bei Berlin lebende US-Schriftstellerin Nell Zink (→ Mauerläufer). Der Grund dafür ist, dass sie an der Schule für Dichtung eine Klasse zum Thema „Ästhetik der Vögel" abgehalten hat; was wiederum den willkommenen Anlass bot, mit ihr das im Folgenden abgedruckte Interview zu führen:

„DIE MEISEN VERSTEHEN MICH SO GUT WIE ICH DIE DUINESER ELEGIEN“

Ihre Klasse widmet sich der „Ästhetik der Vögel“. Was sind da die entscheidenden Parameter?
Nell Zink: Ich will mit der Gruppe die Kategorien erforschen, die unsere Wahrnehmung der real existierenden Vögel gestalten – auch dadurch, dass wir mehr über sie erfahren und so neue Zusammenhänge aktivieren.

Welche Vögel sind die hässlichsten? (Oder darf man das als Vogelfreundin gar nicht sagen?)
Zink: Die Hässlichkeit ist eine ästhetische und keine ethische Kategorie, da wirft man dem Vogel im Prinzip nichts vor. Um es kurz zu fassen tippe ich auf den Marabu.

Als Motto Ihrer Klasse dient eine Rilke-Paraphrase/Parodie: „Wer, wenn ich schriebe, hörte mich denn aus der Meisen Ordnungen“. Das klingt so, als würden Sie Meisen zu Ihrer potenziellen Leserschaft zählen, sich aber ihrer nicht ganz sicher sein. Verhält es sich so?

Rainer Maria Rilke Gedicht

Zink: Die Meisen verstehen mich mindestens so gut wie ich die „Duineser Elegien“!

Tex Rubinowitz und Jörg Metes haben ein Buch mit dem Titel „Die sexuellen Phantasien der Kohlmeisen“ geschrieben. Haben Sie in der Hinsicht eine Vermutung?
Zink: Die Kohlmeisen sind unverschämte, jedoch diskrete Sekunden-Seitensprüngler. Als gefährlich sexversessen gelten eher Hausspatzen und Entenvögel, also ist das bestimmt ein klassisch bürgerlicher Roman.

Was interessiert Sie besonders an Meisen?

Nell: Die echten Meisen sind nicht so sehr mein Fall – das sind aggressive Monster, die beim Beringen fest zubeißen –, aber die → Bartmeise ist der weichste aller Singvögel, mit Federn wie ein Mini-Chinchillafell, und die Schwanzmeise ist in jeder Hinsicht ein Vorbild für uns alle.

Woher rührt Ihre Vorliebe für Schwanzmeisen? Und wie lange liegt Ihre letzte Schwanzmeisenbegegnung zurück?
Zink: Vor ein paar Tagen habe ich eine Meute in den Elbauen gesehen. Ich finde sie niedlich, putzig, goldig oder was auch immer – wie Babykaninchen. Dabei haben sie einen ganz netten Lifestyle, bewegen sich in Familiengruppen, halten ständig Kontakt mit sanften Rufen und sind so klein und schwach, dass sie niemals irgendjemandem weh tun könnten, außer vielleicht einer Blattlaus oder einer besonders kleinen Raupe, und das gönne ich ihnen, obwohl meine eigene Ethik da ganz streng ist, ich selbst esse weder Blattläuse noch Raupen.

Haben Sie eine Präferenz für caudatus oder europaeus?
Zink: Die Rennstreifen bei *europaeus* sind trés chic, aber der Tischtennisballeffekt bei *caudatus* ist umwerfend süß.

Sind Sie gut im Stimmenidentifizieren?
Zink: Unter Vogelexperten falle ich als Stümperin auf. Normalos kann ich in Erstaunen versetzen. Es kommt schwer darauf an, wer das Urteil fällen soll.

Ein Fachgebiet, auf dem sich Wissenschaft und Schreibkunst verbinden, ist die Arbeit der Vogelrufverschriftlichungsfachleute. Ich bin immer wieder erstaunt darüber, was die alles hören. Wie würden Sie denn die Rufe der Schwanzmeise transliterieren bzw. metaphorisch umschreiben?

Der Schwarzspecht ist der größte unter den heimischen Spechten

Zink: So was wie „pieps" und „tschrrr" – aber ich habe heute was Nettes in einer Fußnote zu einem Bestiarium gelesen: John James Audubon zufolge übersetzte ein französischer Bauer den Gesang der Nachtigall mit:

> Le bon dieu m'a donné une femme
> Que j'ai tant, tant, tant, tant battue
> Que s'il m'en donne une autre
> Je ne la batterait plus, plus, plus,
> Qu'un petit, qu'un petit, qu'un petit!

ZIMMERMANN DES WALDES
DER SCHWARZSPECHT

„Warum bekommen Spechte keine Gehirnerschütterung?" war eine der beliebtesten Science-Fun-Fragen des Jahres 2011, und diese wurde von führenden Spechtologen mit der beliebten Stoßdämpfer-Hypothese beantwortet: „Schwammige Strukturen an verschiedenen Stellen des Schädelknochens" und ein „bogenförmig geformtes" Zungenbein (orf.at) sorgten dafür, dass der Aufprall des Schnabels abgefedert und dessen Wucht nicht eins zu eins aufs Spechthirn übertragen wird.

Artikel

„Bogenförmig geformt" und „schwammige Knochenstrukturen", my ass! Hätte man angesichts solch schwammiger Wortwahl nicht schon hellhörig werden müssen? Nachtigall, ick hör dir trapsen. Ein gutes Jahrzehnt später war die Katze dann aus dem Sack: „Spechte haben doch keinen ‚Sturzhelm'" titeln die Science-News-Nachplapperer von orf.at, so als ob das je irgendjemand behauptet hätte. Man muss nun wahrlich kein Motorsportspezialist sein, um den Unterschied zwischen Sturzhelm und Stoßdämpfer zu kennen. Wie auch immer. Die jüngste Theorie hinsicht-

Kein Sturzhelm

lich der Gehirnerschütterungsvermeidungstechnologie bei Spechten verdanken wir einem gewissen Sam Van Wassenbergh, der am Laboratory for Functional Morphology der Universität Antwerpen herausgefunden haben will, dass beim Spechtgehämmer gar nix gedämpft wird, ganz im Gegenteil: Geht alles volle Kanne auf den Kopf, bloß, dass der halt ziemlich klein ist, und das Hirn im Spechtkopf „weniger herum[schwabbelt]“, wie es die Pop-Science-Redakteur:innen von orf.at diesmal zu beworten belieben.

Ob es die genannten Personen und Institutionen tatsächlich gibt, und ob in einem halben Jahr „Der Mythos der Aufprallminderung bei Spechten“ (Sam Van Wassenbergh, angeblich) nicht seinerseits wieder als Mythos enttarnt werden wird, sei dahingestellt.

Video

An den wie üblich videounterstützten Analysen der Spechtkopfklopfbewegungen soll laut orf.at auch ein Schwarzspecht aus dem Alpenzoo Innsbruck beteiligt gewesen sein (Name der Redaktion offenbar nicht bekannt).

An dieser Stelle kann jedenfalls bestätigt werden, dass der Schwarzspecht tatsächlich existiert. Mit einer Körpergröße von gut 40 und einer Spannweite von etwa 70 Zentimetern ist *Dryocopus martius* eindeutig die größte heimische Spechtart. Wie der Name schon andeutet, ist der Schwarzspecht schwarz. Und zwar zur Gänze, sieht man von einer roten Kappe (Männchen) beziehungsweise Kippa (Weibchen) ab.

Das Weibchen, das der FaVoWa unlängst im Lainzer Tiergarten gesichtet hat, ging übrigens mit einer Ausdauer und Energie zu Werke, die darauf schließen ließen, dass es um nichts weniger als die Entrindung des kompletten Baumes ging. Wenn der Schwarzspecht immer wieder als „Zimmermann des Waldes“ bezeichnet wird, dann ist festzuhalten, dass die Schwarzspechtin gewiss nicht weniger kompetent ist und wohl als die „Zimmerfrau des Waldes“ zu gelten hat.

PAINT IT BLACK
DER SCHWARZSTORCH

Aufgrund meines vorsätzlichen Fernbleibens kann ich nicht beurteilen, ob die Stones bei ihrem Wien-Auftritt, das dem allgemeinen Vernehmen nach eine Riesengaudi gewesen sein soll, auch „Paint It Black" gespielt haben; aber weil ich ja bereits den → Schwarzspecht habe antreten lassen, ziehe ich hier gleich mit dem Schwarzstorch nach.

The Rolling Stones Song

Apropos Zug: So wie bei seinem Verwandten, den um ein Weniges größeren →Weißstorch, gibt es auch beim Schwarzstorch West- und Ostzieher, wobei die Routen annähernd die gleichen sind: Westzieher fliegen über Gibraltar nach Westafrika, Ostzieher über den Bosporus, den Sinai und das Niltal nach Ostafrika. Allerdings kehren die Schwarzen rund einen Monat später nach Afrika zurück als die Weißen, also erst im September.

Der Hauptunterschied zwischen Weiß- und Schwarzstorch wird bereits durch die Namen auf den Punkt gebracht: Weißstörche sind hauptsächlich weiß, Schwarzstörche überwiegend schwarz; wobei dieses Schwarz (ähnlich wie beim Gefieder von → Staren oder → Elstern) in der Art eines Ölflecks schillert, also auch Grün-, Violett- und Goldtöne aufweist.

Ölfilm

Dass die Störche in den Illustrationen zur „Geschichte vom Kalif Storch" nie schillern, sondern immer eindeutig Weißstörchen nachempfunden sind, weckt einen unschönen Verdacht. Sollte es sich um rassifizierte Darstellungen handeln, die die Existenz von BoCs (Birds of Colour) ausblenden möchte?

Gemach, gemach, woke Vogelfreund:innen! Wilhelm Hauffs Kunstmärchen spielt bekanntlich in Bagdad, und dort ist der „extrem störungsanfällige" oder, wie wir lieber sagen, sehr scheue und äußerst sensible, an nahe Wälder ge-

Vogelinfo

Gilt als sehr scheu und klappert nicht: der Schwarzstorch

bundene Schwarzstorch tatsächlich nicht anzutreffen. Das ist übrigens bei einem gewissenhaften Close Reading dem Märchen selbst zu entnehmen. Dort beobachten der Kalif Chasid und dessen Großwesir Mansor „einen Storch ernsthaft auf und ab gehen, Frösche suchend und hier und da etwas vor sich hinklappernd" und beschließen daraufhin, sich mittels eines Zauberpulvers selbst in Störche zu verwandeln und die Gespräche ihrer Artgenossen zu belauschen. Gesagt, getan, gelauscht: „‚Guten Morgen, Frau Langbein, so früh schon auf der Wiese?' ‚Schönen Dank, liebe Klapperschnabel! Ich habe mir nur ein kleines Frühstück geholt. Ist Euch vielleicht ein Viertelchen Eidechs gefällig oder ein Froschschenkelein?'"

Das wäre gewiss sowohl dem Weiß- als auch dem Schwarzstorch gefällig. Eines unterscheidet die beiden aber eben auch noch: Schwarzstörche klappern nicht!

XXXL
DER SEEADLER

Wie auch immer es um die Bestände des Adlers in der wirklichen Welt bestellt sein mag, seine herausragende heraldische Stellung ist ungefährdet. Das belegt nicht zuletzt der Umstand, dass sowohl das österreichische Bundeswappen als auch vier von neun Wappen der österreichischen Bundesländer einen Adler zeigen – von Westen nach Osten: Tirol, Oberösterreich, Niederösterreich und das Burgenland.

Anhand der symbolisch-abstrahierenden Darstellung ist natürlich nicht auszumachen, um welche Art es sich dabei handelt. Würde man diese aber gleichsam habitatrealistisch interpretieren, müsste es sich in den westlichen bei-

Majestätisch und ein bisschen beknackt: der Seeadler

den Bundesländern um einen Stein-, in den zwei östlichen um einen See- oder Kaiseradler handeln. Auf der vor vier Jahren herausgekommenen 90-Cent-Sonderbriefmarke der Österreichischen Post ist jedenfalls tatsächlich ein Seeadler zu sehen.

Unter all den leider nur allzu realistischen „Horrorstorys" über Artensterben und abnehmende Biodiversität bietet der Seeadler Anlass, endlich auch einmal eine Erfolgsgeschichte zu erzählen. Haliaeetus albicilla war hierzulande ab den 1970er-Jahren nämlich tatsächlich ausgestorben, ehe Anfang der 2000er Bruterfolge im burgenländischen Seewinkel und im Nationalpark Donau-Auen registriert wer-

Video

den konnten. Der gegenwärtige Bestand beläuft sich bundesweit auf etwa 45 Brutpaare.

Mit einer Spannweite von bis zu 2,30 m ist der Seeadler der größte europäische Adler, wenn auch nicht der größte heimische Greifvogel (der Bartgeier bringt es auf fast drei Meter). Mitte Februar erfolgt die Ablage von in der Regel zwei bis drei Eiern, die dann rund 38 bis 40 Tage bebrütet werden – und zwar unter Beteiligung der Männchen. Charakteristisch für den braungefiederten Seeadler sind die breite, brettartige Flugsilhouette mit den langfingrigen Handschwingen, der große, gelbe Schnabel und der keilförmige und – bei adulten Vögeln – reinweiße Schwanz (der ihn auch vom Kaiseradler unterscheidet). Die gemütlichste Seeadlersichtung ist dem FaVoWa übrigens von der Konditorei Karlo am Hauptplatz von Illmitz gelungen. Die fraglos majestätische Ausstrahlung des Seeadlers lappt mitunter allerdings auch ein wenig ins beknackt Wilhelminische.

Seeadler-bericht 2021

Kaiser Wilhelm II.

WEITSTRECKENWELTMEISTER
DIE SEESCHWALBE

Obwohl die jahreszeitliche Verteilung der Eheschließungen zuletzt eine auffällige Februarverdichtung aufweisen dürfte – Schnapszahlenscherzkekse werden sich den 2.2. 2022 wohl kaum entgehen haben lassen –, gilt der Mai noch immer als Wonne- und Verpaarungsmonat *numero uno*. Das Mai-Motiv meines Birdlife-Österreich-Vogelkalenders, der seit Jahren in der Küche hängt, zeigt ein Paar Weißbart-Seeschwalben bei Hochzeitsanbahnungsaktivitäten: Das Männchen überbringt der Angebalzten einen Fisch.

Brautgeschenke im Tierreich sind keine Seltenheit, müssen aber nicht immer so flamboyant ausfallen wie beim absoluten Großmeister der Wohnraumdekoration, dem Sei-

Die Seeschwalbe legt in ihrem Leben mehrfach die Strecke Erde–Mond zurück

Video

denlaubenvogel, der bei der Brautschau seine auffällige Vorliebe für die Farbe Blau auslebt; und empfindsame Gemüter werden eine von Raubwürgern auf den Dorn gespießte Maus aka „Mäuseschaschlik" (→ Neuntöter) vermutlich eher abstoßend finden.

Seeschwalben sind eng mit den → Möwen verwandt, aber kleiner und schlanker als die meisten Möwen und haben darüber hinaus einen langen, gegabelten Schwanz, was auch die Sache mit der Schwalbe im Namen erklärt. Ihre Beine sind auffallend kurz, sodass man sich bei am Boden befindlichen Seeschwalben fragt, ob die stehen oder sitzen – wobei das bei Vögeln überhaupt eine interessante Frage ist. Die sprachliche Konvention hält jedenfalls daran fest, dass sie bei der Jagd auf einem Ansitz sitzen, weswegen es auch Sitzwarte heißt und nicht Stehwarte, obwohl das nur bedingt logisch ist. Seltsamerweise muss ich auch immer daran denken, dass Salz- und Pfefferstreuer in Form von Seeschwalben sehr unhandlich wären.

Stehen oder sitzen, egal, der Seeschwalbe ihr Ding ist ohnedies das Fliegen. Seeschwalben sind Flugweltmeister in jeder Hinsicht: Sie beherrschen die wendigsten Manöver auf kleinstem Raum, sind aber auch Langstreckenzieher par excellence. Die Küstenseeschwalbe hält überhaupt den Migrationsdistanzweltrekord und zwar gleich im ganzen Tierreich. Ganz gemäß dem Motto des vielleicht schönsten Popsongs unter zwei Minuten folgen sie der Sonne und nutzen die globalen Windsysteme, um von Grönland über die Kapverdischen Inseln entlang der Küste Afrikas oder Südamerikas in die Antarktis zu fliegen, dort zu überwintern und dann im April die Heimreise anzutreten. Macht 70.000 bis 90.000 Kilometer im Jahr und dreimal die Strecke Erde-Mond-Erde in einem Küstenseeschwalbenleben.

Beatles „I'll follow the sun"

Die Weißbart-Seeschwalbe treibt es nicht ganz so doll, sie überwintert in Afrika oder im Mittelmeerraum. Was es mit dem Weißbart auf sich hat? Keine Ahnung. Ihr Schwanz ist jedenfalls deutlich weniger stark gegabelt als jener der Küstenseeschwalbe und die Unterseite ist im Prachtkleid dunkelgrau. Gesichtet habe ich „meine" Weißbart-Seeschwalbe übrigens in Virpazar, Montenegro.

Ein Fashion Victim im schlimmsten Sinne: der Silberreiher

EIN STILPAPST

DER SILBERREIHER

Mein Jahresendzeitvogel 2022 war eindeutig der Silberreiher. Das hängt damit zusammen, dass ich zuletzt öfter mit dem Zug zwischen Deutschland, Österreich, Slowenien und Italien unterwegs war, mich ans Fenster gesetzt und in die Landschaft geblickt habe.

Fürs Flanieren mit der Bahn scheint mir die Strecke zwischen Plattling und Passau besonders gut geeignet: Hier wird einem, wie es Oskar Aichinger in seinem jüngsten Buch „Ich steig in den Zug und setz mich ans Fenster" so treffend beschreibt, „schon nach kurzer Zeit schwankenden Dahinrollens ein Behagen, ein Aufgehobensein beschert, wie wir es im Alltag schwer finden können": Man rollt gleichsam gemeinsam mit der Donau Richtung Balkan, blickt auf das Band des Flusses und alles, was sich zwischen dessen Ufern und dem Schienenstrang befindet: Wälder und Wiesen, Felder und Fluren.

Diese sind, wenn es dann auch noch den wärmsten Jahreswechsel der Messgeschichte setzt, naturgemäß von allem Schnee befreit, sodass die schlanken Gestalten in blendendem Weiß mit dem imposanten gelben Schnabel vor falbem Laub und grünem Gras bestens auszunehmen sind. „Ähnlich → Graureiher, doch eleganter" urteilt der Svensson über den etwa gleich großen Verwandten – und hat damit zweifellos recht. Der Silberreiher verfügt – im Unterschied zu → Grau-, Seiden- oder Rallenreiher – zwar über keine Schmuckfedern im Nacken, stellt in Sachen reduzierter Stylishness aber sämtliche Artgenossen in den Schatten.

Selbst die Versuche der Kunst, die Natur an skulpturaler Reduktion zu überbieten, sind da zum Scheitern verurteilt. Der Schweizer Diego Giacometti war in Sachen Vogerlformen ohnedies eine Vollpfeife, wie sein „Oiseau fixe" beweist, und

Giacometti

Brâncuşi

Tödlicher Mode-schmuck

sein rumänischer Kollege Constantin Brâncuşi hat es mit der Abstraktion eindeutig übertrieben: „L'Oiseau dans l'espace" sieht aus wie ein Küchengerät, das ein irre gewordener Alessi-Designer zum Erdolchen von Melonen erfunden hat.

Bittererweise führte eine tödliche Form modischer Eleganz-Aneignung in Form von Hutschmuck im 19. Jahrhundert dazu, dass tausende Silberreiher ihre Federn und ihr Leben lassen mussten. Auch heute geht es dem Silberreiher wieder schlecht. Am Neusiedler See, der einst als eines der größten europäischen Habitate des im Schilf nistenden Schreitvogels galt, wurde aufgrund der Überalterung des Schilfgürtels 2022 im Nationalpark erstmals kein einziges Brutpaar registriert; 13 Jahren zuvor waren es noch über 500.

KÜCKLIVÍ, TIXI-TIXI-TIXI
DIE SINGDROSSEL

Sieht man von den diversen → Rohr- und Laubsängern und onomatopoetischen Vögeln wie dem → Kuckuck oder dem → Zilpzalp ab, gibt es in unseren Breiten nur zwei Vogelarten, die das Singen selbst im Namen tragen: den Singschwan und die Singdrossel. Natürlich ist der Singschwan kein Singvogel, und von „Singen" kann bei ihm keine Rede sein: Der trötet und trompetet halt vor sich hin.

Bei der Singdrossel liegt die Sache schon ganz anders, die macht bekanntlich: „kückliVÍ kückliVÍ, tixi-tixi-tixi, PÍ-äh, trrrü-trrrü-trrrü tixiFÍX, tjü-tjü-tjü, ko-ku-kiKLÍX ko-ku-kiKLÍX ..." (Svensson), und ich bin jedes Mal, wenn ich solche Transliterationen lese, hin- und hergerissen zwischen Bewunderung, Beschämung und Skepsis. Was sind diese Vogelgesangsverschriftlichungsfachleute nicht doch für tolle Hunde! Warum bin ich so ein terrischer Depp, dass ich das nicht höre?! Ich meine: Ich tu mir, wenn ich dem Gesang

Verursacht übermäßigen Alkoholkonsum bei Ornithologen: die Singdrossel

der Singdrossel lausche, schon schwer, das „tixi-tixi-tixi“ oder „trrrü-trrrü-trrrü“ rauszuhören, vom „ko-ku-kiKLÍX“ einmal ganz zu schweigen. Könnte es sein, dass da ein paar Ornitholog:innen ein bisschen viel von dem Kücklixitrixitjüü-Schnaps gezwitschert haben, den ihnen der Bauer vorgesetzt hat, bevor die sich mit ihren Tonbändern, Mikros und Kopfhörern in die Büsche geschlagen haben? Bei Johanna Romberg mag es der ein oder andere Chartreuse, Cognac oder Calvados gewesen sein, denn bei ihr singt die Singdrossel auf Französisch: „Mon Dieu, mon Dieu!“ und „Bonjour, bonjour, Monsieur Hubert, Monsieur Hubert, Piz Palü, Piz Palü!“

Vogelgesang

Buchtipp

Vergleicht man die beiden doch recht deutlich divergierenden Singdrosselgesangstransliterationsangebote, wird man indes tatsächlich auf eine Auffälligkeit stoßen, die einen brauchbaren Hinweis für die Identifikation des Singdrosselgesangs liefert. Der ist nämlich von repetitiven Patterns gekennzeichnet, mit denen die Singdrossel einzelne, deutlich voneinander abgesetzte und sehr unterschiedliche Phrasen zwei, drei, vier Mal wiederholt – sei's „tixi", sei's „trüü", „Mon Dieu" oder „Piz Palü".

Wenn sie im Prater, im Wienerwald, in der Lobau oder sonstwo nicht auf irgendeinem Ast sitzt und ziemlich laut herumdrosselt, huscht die Singdrossel, die ein klassischer LBJ mit recht kurzem Schwanz und deutlich ausmachbaren Flecken auf der weißlich bis cremefarbenen Brust ist, amselig am Boden herum und sucht nach Schnecken.

VERFOLGT VON MAO ZEDONG
DER SPATZ

Ein Freund, dessen ornithologisches Interesse sich hauptsächlich auf die Zubereitung von Enten- und Hühnervögeln fokussiert, meinte vor einiger Zeit, dass er schon ewig keine Spatzen mehr gesehen hätte und diese wohl auch schon am Aussterben seien. Ich widersprach spontan, obwohl das skizzierte spatzokalyptische Szenario in Deutschland dieser Vermutung scheinbar recht gibt. In Österreichs Gärten freilich belegten bei der jüngsten Stunde der Wintervögel die Haus- und Feldsperlinge mit jeweils klarem Vorsprung die Plätze eins und drei (nur die Kohlmeise verhinderte einen Doppelsieg).

Population

Über *Passer domesticus* befindet der vom FaVoWa verehrte Birder und Vogerlpinsler Matt Sewell, dass dieser grundbritisch aussehe „like an old RAF Squadron Leader in

Lebt gerne in lärmigen Sozialsiedlungen: der Hausspatz

a flat cap and tweed". Das deutsche Pendant eines Wehrmachtsangehörigen mit einer feldgrauen Kappe, durch die sich der Haus- vom braunbemützten Feldsperling *(Passer montanus)* unterscheidet, mag man sich lieber nicht ausmalen.

Zum Glück sind alle Spatzen in der Wolle gefärbte Demokraten, immun nicht nur gegen den identitären Irrsinn der Nazis 2.0, sondern gegen jegliche totalitäre Anfechtung. Kein Wunder, dass sie von einem der größten Verbrecher des vorigen Jahrhunderts, Mao Zedong, aufs Grausamste verfolgt und im Rahmen des „Großen Sprungs nach vorn" milliardenfach ermordet wurden.

„Großer Sprung nach vorn"

Der Maoismus endete auf der Müllhalde der Geschichte, und die Spatzen bewohnen heute als kosmopolitische Kul-

„Planet der Spatzen“

turfolger und -begleiter des Menschen die Metropolen dieser Welt, wie die preisgekrönte ORF-Universum-Doku „Planet der Spatzen“ belegt. Das tschilpende, in lärmigen Sozialbauten beheimatete krümelknuspernde Kollektiv beherrscht die Gast- und Schanigärten, Backwarenfilialen und Kaffeehäuser dieser Welt, wo es Kipferl, Krapfen, Croissants und Cremeschnitten wegfuttert, dass es nur so eine Art hat. Und wenn ihnen der Sinn nach etwas proteinreicherer Kost steht, hängen die Spatzen auf Tankstellen ab, um frischverunfallte Insekten aus dem Kühlergrill zu picken.

Der dummen Rede vom „Spatzenhirn“ zum Trotz ist der Spatz ein ganz vifer und feiner Vogel mit einem regen und etwas mysteriösen Sozialleben. Gerne steht der FaVoWa vor seiner liebsten Spatzensozialsiedlung (Adresse: 1020, Im Werd 4) und beobachtet, wie aus den Sträuchern immer wieder kleine Geschwader hochstieben, sich umgruppieren, auf Dachkanten und Fensterbleche verteilen, sich am Verputz der Hauswand festhalten. Was das alles zu bedeuten hat? Die Göttin, die Spatzen schuf, mag es wissen!

SCHILLERNDER ELEKTRONIKER
DER STAR

Unter den Allerweltsvögeln ist der Star ein Star. Einerseits, weil solche Witze einfach gemacht werden müssen, andererseits, weil's wahr ist. Sowohl auf dem Gebiet der akustischen als auch auf jenem der kinetischen Performance leistet der Gemeine Star *(Sturnus vulgaris)* Herausragendes.

Auf einen ersten, sehr oberflächlichen Blick sehen Stare annähernd amselig aus: mittelgroße schwarze Vögel mit gelbem Schnabel. Auf den zweiten ist der Star schlanker und kleiner, hat rote Haxen (statt gelber) und hüpft nicht,

Pfeift, fiept, knattert, rattert, raspelt,
knuspert, knarzelt und glissandiert: der Star

sondern geht – also immer schön ein Bein vors andere, gerne in Parkanlagen oder auf Fußballplätzen. Außerdem ist das Gefieder der Stare getüpfelt und weist einen irisierenden Ölfilmschimmer auf.

Unter den heimischen Vögeln sind die Stare eindeutig die Elektroniker: Es pfeift, fiept, knattert, rattert, raspelt,

IRCAM Research Institut

knuspert, knarzelt und glissandiert, dass es eine Freude ist. Viele der bekanntesten Stare haben an dem von Pierre Boulez gegründeten IRCAM (Institut de Recherche et Coordination Acoustique/Musique) studiert. Außerdem sind die Stare hervorragende Imitatoren: Wenn Sie also auf einmal im März einen Pirol hören, so hat das nichts mit radikalen Veränderungen des Weltklimas oder Ihres Geisteszustandes zu tun, Sie werden bloß von einem Star verarscht.

Schar von Staren

Sind die Stare des Knarzelns und Knusperns müde, schließen sie sich gerne in Schwärmen von Hunderten, Tausenden und Zehntausenden zusammen, um stupend synchronisierte Formationsflughows abzuliefern, die das Special-FX-Geballer von Marvel-Blockbustern sehr albern und alt aussehen lassen. Auf Englisch nennt man dieses atemberaubende Naturschauspiel „murmuration", und die Einzigen, die sich weigern, von ihm hingerissen zu sein, sind die Weinbauern, die seit Erfindung des Weinbaus mit kindischen und wirkungslosen Maßnahmen versuchen, die Stare daran zu hindern, ihnen die Ernte wegzufressen.

DIES IST MEIN BLUT
DER STIEGLITZ

Er ist am Ruf jetzt nicht ganz so leicht zu identifizieren wie der → Kuckuck oder der → Zilpzalp, aber weil er tatsächlich auch „stigelitt" macht, gehört er, so wie diese, zu den onomatopoetischen Vögeln (der Name stammt übrigens aus dem Slawischen).

Von allen „Vögeln mit Gelb" ist der Stieglitz der am leichtesten zu sichtende und identifizierende – Stichwort: plus Rot. Das Gelb sitzt, schwarzgefasst, auf den Flügeln, das Rot mitten im Gesicht. Woher es kommt? Es ist das Blut

Farbenfroh und beliebt in der Kunstgeschichte der Frühen Neuzeit: der Stieglitz

Christi, denn der Distelfink hat versucht, dem Gekreuzigten die Dornenkrone zu entfernen. So gesehen könnte man ihn auch unter die „Dornenvögel" zählen, aber das ist keine seriöse Taxonomie, sondern bloß der Name einer schmonzettigen australo-amerikanischen Fernsehserie der frühen 1980er-Jahre, in der Richard Chamberlain einen katholischen Priester spielt.

In der Ikonografie des Mittelalters und der Frühen Neuzeit ist der Stieglitz jedenfalls aus den genannten Gründen sehr präsent. Man findet *Carduelis carduelis* bei Taddeo di

Madonna Gemälde

Fabritius Gemälde

Bartolo und Carlo Crivelli oder in Hieronymus Boschs „Garten der irdischen Freuden“, am prominentesten freilich in Raffaels Gemälde „Madonna del Cardellino“ (1506–7), das eigentlich falsch betitelt ist, denn den Stieglitz halten Jesus und Johannes in Händen.

Dürfte ich mir ein Stieglitz-Bild aussuchen, wäre es „Het Puttertje“ (1654) des niederländischen Malers Carel Fabritius, denn für das recht bescheidene Format von 33,5 x 22,8 Zentimeter könnte ich zur Not noch Hängefläche freimachen. Obwohl: Ganz sicher bin ich mir – ein wenig abergläubisch – doch nicht, richtet das Kunstwerk in Donna Tartts nicht ganz unspannendem, aber entschieden zu voluminös geratenem Roman „Der Distelfink“ („The Goldfinch“, 2013), wo es auf dramatische und nicht ganz legale Weise in den Besitz des juvenilen Protagonisten gerät, doch erheblichen Schaden an.

Und der Vogel „als solcher“? Eh ein total lieber Kerl! Liebt es, während des Flugs in kleinen Verbänden zu schwatzen, und hängt nicht nur auf Disteln, sondern auch auf Sonnenblumen oder überhaupt überall ab, wo es Sämereien wegzuschnäbeln gibt. Just check your Hinterhof!

SEX & CRIME
DIE STOCKENTE

Okay, es gibt kleine Kinder und es gibt Menschen, die – entgegen allen öffentlichen Aufforderungen, dies zu unterlassen – ihren gesamten Altgebäckbestand in Parkgewässern versenken, um sie zu füttern. Aber allzu weite Kreise zieht die Begeisterung nicht, und auch der FaVoWa muss gestehen, dass sich sein Stockentenenthusiasmus in eher engen Grenzen hält. Im urbanen Umfeld sind Stockenten halt immer da und – im Gegensatz zur freien Wildbahn, wo sie

Der Stockentenerpel verfügt über einen Penis
und neigt zu sexualisierter Gewalt

Bejagungserfahrung haben – ebenso unscheu wie unselten. Okay, wenn sie einen Sullenberger machen, sieht das leidlich lustig aus, und wenn sie während eines Matchs übers Fußballfeld watscheln, sorgt das für Erheiterung. Aber das war's dann auch schon.

Video

Enten zu füttern ist übrigens – bei einer Strafe von mindestens 50 Euro – deswegen verboten, weil das nicht nur den Enten selbst schadet (Brot enthält zu viel Zucker und Salz, quillt im Magen auf und kann sogar tödlich sein), sondern weil darüber hinaus die Gewässerqualität durch

Nicht füttern

den Kot der zusätzlich angelockten Wasservögel massiv beeinträchtigt wird.

Josef H. Reichholf stellt zu Beginn seines Buches „Ornis" das Balz- und Paarungsverhalten der Stockenten vor. Und das ist in der Tat höchst spannend, auch wenn es – *trigger warning!* – Formen von sexualisierter Gewalt miteinschließt, da die Erpel die Weibchen immer wieder vergewaltigen. Stockentenerpel zählen zu den wenigen Vögel, die einen richtigen Penis haben. Allerdings verkümmern die Hoden nach Erledigung des Begattungs- und Fortpflanzungsgeschäfts so weit, dass die Erpel im Sommer praktisch geschlechtslos sind.

Die Gruppenbalz hingegen, bei der mehrere Dutzend Erpel gleichzeitig eine „von spastischen Zuckungen durchsetzte" (Reichholf) Choreografie performen, dient dazu, durch gegenseitige Stimulierung der Rückbildung der Geschlechtsorgane entgegenzuwirken, damit die Erpel noch genug brauchbares Sperma zur etwaigen Produktion eines Nachgeleges im Rohr haben.

Eine ganz eigene Besonderheit hat der Spezialist für die Beobachtung ganz eigener Besonderheiten, Clemens J. Setz, an Enten ausgemacht. In einer Erzählung mit dem sehr setzoiden Titel „Die Katze wohnt im Lalande'schen Himmel" (enthalten in dem Band „Der Trost runder Dinge") wird dem Art-brut-Künstler Conradi die Entdeckung zuteil, „dass ihre Schnäbel [i.e., jene der Enten] kleinen Fuchs- oder Hundeköpfen glichen". Das trifft, wie ein Foto belegt, tatsächlich zu. Ob dieser Umstand dazu angetan ist, die Popularität der Stockente entscheidend zu steigern, sei dahingestellt.

Sumpf- oder Weidenmeise? Es ist eine Frage der Kinnbärtchenbreite

TITS THAT LOOK (A BIT) LIKE HITLER
SUMPF- UND WEIDENMEISE

Das Internet besteht bekanntlich zu überwiegenden Anteilen aus Katzenfotos und Schweinkram. Und dann gibt es da noch die Kombination aus beidem: „Cats that Look Like Hitler“. Katzen, die Ähnlichkeiten mit Adolf, der alten Nazisau, haben, werden auch „Kitlers“ genannt. Klingt witzig, überspielt aber den Umstand, dass Katzen natürlich auch Nazis sein können (was im Katzengutfinderkonsens, der von geschätzt 85 Prozent der gesamten Menschheit Besitz ergriffen hat, natürlich untergeht).

„Kitlers“

Alte Nazisau Satire

Warum gibt es keine „Birds that Look Like Hitler“? Weil Vögel a) prinzipiell Anti-Faschisten sind und b) statt Mund

und Nase einen Schnabel und daher keinen Platz für Oberlippenbärte haben. Würde man Vögel suchen, die ein bisschen aussehen wie der braune Geselle aus Braunau, käme man am ehesten auf die Sumpf- und die Weidenmeise. Im Unterschied zu Hitler haben die aber ein Kinnbärtchen und fressen vorzugsweise Spinnen und Insekten, sind also definitiv keine Vegetarier.

An dieser Stelle ein Bekenntnis: Ich kann die beiden, also *Parus montanus* (Weiden-) und *Parus palustris* (Sumpfmeise) beim besten Willen nicht auseinanderhalten. Angeblich hat die Weidenmeise ein etwas breiteres Kinnbärtchen und ihr Käppi glänzt nicht, sondern ist mattschwarz. What the fuck, Schöpfung?! Was ich noch hinkriege: die beiden von der → Mönchsgrasmücke zu unterscheiden; die hat zwar auch eine schwarze Kopfbedeckung, aber kein Kinnbärtchen. Und im Winter ist es sowieso besonders leicht, Meisen und Grasmücken auseinanderzuhalten, denn da macht Letztere Urlaub im Süden.

Apropos Aufenthaltsort: Was das Verbreitungsgebiet anbelangt, ist der Unterschied schon interessant. Während die Weidenmeise einen breiten Streifen der gemäßigten Zonen bewohnt, der vom europäischen Atlantik bis zur Beringstraße reicht, klafft bei der Sumpfmeise zwischen Ural und Westsibirien eine weite Lücke. Schenkt man der Darstellung auf Wikipedia Glauben, dann dürfen sich Kasache und Kasachin zumindest nicht rund ums Jahr am Anblick der Sumpfmeise erfreuen.

Verbreitung

Das meiste von dem, was der Stadttaube nachgesagt wird, basiert auf haltlosen Vorurteilen

FLUCH ODER SEGEN?
DIE TAUBE

Kaum eine Vogelart polarisiert mehr als die Taube. Einerseits als Symbol für Liebe, Treue und Frieden sowie als Verkörperung des mysteriösesten Drittels der Trinität verehrt, wird sie zugleich verabscheut. Die einen füttern sie, die anderen vergiften sie. Wer den entsprechenden Song von wem abgekupfert hat, wird sich vermutlich nie klären lassen; ich persönlich hege allerdings den Verdacht, dass es nicht Tom Lehrer war. Das mit den „Ratten der Lüfte“ stammt angeblich von Woody Allen, der in der Stadt ausgeschilderte Verweis „Wer Tauben füttert, füttert Ratten“ geht in eine ähnliche Richtung.

Buchtipp

Tom Lehrer Song

Tauben – und damit ist jetzt unsere kommune Stadttaube gemeint, die domestizierte Form der Felsentaube – gelten als Ungeziefer und eklig, und selbst der FaVoWa muss eingestehen, dass er gegen solche Ressentiments und Reflexe nicht völlig gefeit ist. Aber er arbeitet daran. Dass Tauben Krankheiten verbreiten und unsere Denkmäler kaputtkacken, ist im Bereich der *urban legends* anzusiedeln und darüber hinaus ein klassischer Fall von Schuldabwehr: Der saure Regen, der den Kalkstein zerfrisst, ist ja menschengemacht.

Tatsächlich sind Tauben, die im Laufe der Evolution von den Singvögeln aus den Bäumen verdrängt wurden, ausgesprochen liebevolle Eltern und Partner, alles andere als doof sowie absolut top in Brustkrebsdiagnostik. Das alles erfährt man in Karin Schneiders lesenswertem Büchlein „Tauben". Darüber hinaus sind Tauben auch noch unglaublich reaktionsschnell. Sie vertrauen allerdings allzu sehr auf diese Fähigkeit, sind also *overconfident*, sonst würde man nicht ständig auf totgefahrene Tauben stoßen (Krähen passiert das nie!), und dem FaVoWa, einem bummeligen Kontemplativradler, wäre beinahe eine gegen den Kopf geflogen, hätte er nicht seine unglaubliche Alertheit demonstriert und diesen schnell noch eingezogen.

Libidinöse Energien, die von anderen Menschen eventuell nicht nachgefragt werden, suchen sich andere Objekte, weswegen Brotkrumen und Maiskörner in Parks und auf Plätzen verstreut werden, was wiederum böse Blockwartblicke zur Folge hat. In Venedig steht auf das Füttern von Tauben sogar eine Geldstrafe von bis zu 500 Euro, was die Tourist:innen aber nicht davon abhält, es weiterhin zu tun. Allerdings konnte sich der FaVoWa erst unlängst davon überzeugen, dass es dort kaum noch welche gibt. Daran sind wohl nicht der Overtourism und die irren Mieten schuld, die immer mehr Venezianer aus Venedig vertreiben, sondern die → Möwen, die sich den Markusplatz gekrallt haben und die wenigen dort verbliebenen Tauben mobben. Für den Markusplatz gilt jedenfalls: Wer Tauben füttert, füttert Möwen.

SCHWIMMEN UND SCHURLN
DAS TEICHHUHN

„Ich liebe den Pferden. Die haben so kleine Füße, da muss ich immer lachen.“ Das sagt Otto Mannkusser, der dänische Ranchbesitzer aus der tollen TV-Serie „Malcolm in the Middle“. Der Spruch fällt mir immer ein, wenn ich Teichhühner sehe. Da muss nämlich ich immer lachen. Allerdings wegen der großen Füße. Dass ich Teichhühner lieben würde, wäre eine etwas übertriebene Behauptung.

Malcom mittendrin

Überhaupt hat es den Anschein, als würde das Teichhuhn, auch Teichralle genannt, selbst Vogelfreunde und -freundinnen nicht eben zu libidinöser Verausgabung hinreißen. Das liegt vermutlich daran, dass das Teich- so wie auch das Blässhuhn einfach eine Allerweltsralle und nicht annähernd so cool ist wie das Tüpfelsumpfhuhn. Außerdem sind die Küken des im adulten Stadium nicht ganz uneleganten Teichhuhns nicht putzig, sondern ziemlich hässlich.

Das Blässhuhn nehmen wir hier en passant auch gleich mit, beschränken uns aber auf den Hinweis, dass a) der Name dieses ansonsten einheitlich schwarzen Wasservogels von der weißen Blesse über dem (weißen) Schnabel herrührt (daher auch die Schreibweise „Blesshuhn“); und dass b) FALTER.*morgen*-Redakteur Martin Staudinger als Bub seinen ornithologisch ambitionierten Vater bis zur Weißglut reizen konnte, wenn er diesen Vogel nicht mit dessen korrektem Namen, sondern als „Tuck-Ant'n“ bezeichnete.*

Dank seiner enormen Latschen kann das Teichhuhn auf Teichrosenblättern stehen

Illustration und Gedicht

Aber zurück zum Teichhuhn. Wie alle Rallen hat es, wie gesagt, riesige Latschen mit weit ausgreifenden Zehen, die es ihm erlauben, auf Teichrosenblättern zu stehen. Das Verhältnis von Füßen zum Restkörper erinnert eindeutig an den Kwongdzu aus „The Utter Zoo" des genialen US-amerikanischen Illustrators und Autors Edward Gorey (1925–

2000), von dem es heißt: „The Kwongdzu has enormous claws; Its character is full of flaws.“ Vom österreichischen Büchnerpreisträger Clemens Setz ist der Vers übrigens kongenial ins Deutsche übertragen worden: „Der Kwongzu hat sehr große Klauen / Und mangelhaftes Weltvertrauen.“ Ein solches ließe sich durchaus beim Teichhuhn attestieren, das zwar gelassen in den Wiesen des Donauparks äst, aber sehr schnell in Richtung Schilfdickicht abhaut, sobald man ihm zu nahe kommt. Tatsächlich gibt es kaum einen Vogel, der das österreichische Verb für hurtiges Davonlaufen so perfekt verkörpert wie das Teichhuhn: Es schurlt.

* Wobei es sich womöglich um einen doppelten Verstoß handelt; andere mir bekannte autochthone Traunsee-Anrainer beteuern jedenfalls, dass es sich bei der „Tuck-Ant'n“ um die regional übliche Bezeichnung für den → Zwergtaucher handle. Der FaVoWa muss hier passen!

GERÜTTELT, NICHT GERÜHRT
DER TURMFALKE

„You cannot not communicate“ lautet eine berühmte Einsicht des österreichischen Philosophen Paul Watzlawick. Analog dazu könnte man behaupten: „You cannot not be a birdwatcher.“ Nicht alle, aber ziemlich viele Vogelarten sind unüberseh- und -hörbar. So hat etwa Wien mit rund einem Brutpaar pro Quadratkilometer die dichteste Turmfalkenpopulation Europas – an dem entsprechenden Monitoringprojekt kann sich übrigens jede und jeder beteiligen, der/die in der Lage ist, einen Turmfalken von einem Rauchfang zu unterscheiden.

Wiener Turmfalkenprojekt

Beliebtester Nistplatz sind Dachbodenluken – zum Beispiel am Karl-Marx-Hof. Die Barbarakirche in der Postgasse etwa wird nicht nur von den Angehörigen der Ukrainischen Unierten Kirche und der katholischen Ostkirche, sondern

Karl-Marx-Hof

auch von Turmfalken aufgesucht. Vor Jahren fragte ich einen im naheliegenden Wirtshaus Dienst tuenden Kellner, ob er die Turmfalken schon gesichtet habe. „Welche Turmfalken?", lautete die Antwort – die entschiedenste ornithologische Apperzeptionsverweigerung, die dem FaVoWa je untergekommen ist.

Wenn sie über die Dächer der Stadt segeln und ihre Quartiere anfliegen, sind Turmfalken nicht besonders unauffällig. Außerdem machen sie einen ziemlichen Krach. Das scharfe Kreischen und Keckern und die Bettelrufe der Jungen, die täglich mit ein bis zwei Mäusen versorgt werden wollen, sind schwer zu überhören. Eine ihrer Spezialitäten ist der „Rüttelflug", während dessen sie in der Luft zu stehen scheinen – ein Verhalten, das sich im offenen Gelände, in dem sie jagen, sehr gut beobachten lässt.

Die eleganten schlankflügeligen Greifvögel sind nicht besonders groß, weswegen sie auch gerne von Krähen gemobbt werden. Dass man sie systematisch zur Bejagung der Tauben einsetzen würde, ist ein Mythos, denn die sind fast doppelt so schwer und als Beute eigentlich eine Spur zu groß (auch wenn es vorkommt, dass Turmfalken Tauben schlagen). Das Terzel genannte Männchen ist – wie auch bei Habichten oder Sperbern – etwas kleiner als das Weibchen und unterscheidet sich von diesem durch die graue Färbung des Kopfes, den gebänderten Schwanz und noch ein paar andere Merkmale für ornithologische Streber.

Der Turmfalke ist in Wien überall anzutreffen –
in Kirchen ebenso wie im Gemeindebau

Gilt als Virtuosin amourösen Anbandelns: die Turteltaube

ZÄRTLICHKEIT & MELANCHOLIE
DIE TURTELTAUBE

Der Duden definiert „turteln" als 1. „sich auffallend zärtlich-verliebt jemandem gegenüber verhalten" und 2. als Synonym für „gurren", also eine lautmalerische Ausdrucksform, die allerdings „veraltet" sei. Der Svensson verschriftlicht den Ruf der Turteltaube mit „turrrr turrrr turrrr", weswegen es sich geradezu aufdrängt, alliterierend auf Stanley Turrentine zu verweisen, der mit seiner Coverversion von Bobby Hebbs Soul-Hadern „Sunny" fraglos ein turtelaffines Stück Fusion-Jazz abgeliefert hat.

„Sunny"

Offenbar ist das Turrr-turrr-Turrrteln der Turteltaube – Anthropozentrismusalarm! – als Zärtlichkeitsbekundung aufgefasst und dann auf humane Praktiken des Anbandelns, Anbratens, Anmachens und Aufreißens übertragen worden. Einen Hinweis darauf, dass die Turteltaube in dieser amourösen Praxis begabter wäre als andere Artverwandte, habe ich nicht finden können. Warum also traut man ausgerechnet der Turteltaube auf diesem Gebiet mehr zu? Die Antwort ist simpel: Sandbraun schlägt Betongrau, quasi Marrakesch vs. Per-Albin-Hansson-Siedlung. Ungerecht? Gewiss, *but that's the way the cookie crumbles.* Man möchte die Turteltaube jetzt nicht unbedingt als keksfarben beschreiben, aber die ausgesprochen apart gezeichneten Schwingen sind schon von einem sehr appetitlichen, warmen Braunton.

Birdlife Info

Leider ist die kleinste und hübscheste aller europäischen Tauben zugleich die am stärksten gefährdete: Der Vogel des Jahres 2020 gilt EU-weit als Sorgenvogel, allein in Österreich ist der Bestand seit 1998 um fast zwei Drittel zurückgegangen. Ausgesprochen düster und bedrückend mutet auch die Videoarbeit „Letter to a Turtledove“ an, in der die Künstlerin Dana Kavelina die russische Besetzung des Donbas auf surreal-apokalyptische Weise thematisiert.

„Letter to a Turtledove“

GEBRATENE ENGLEIN
DIE WACHOLDERDROSSEL

Unlängst erbat „Büro Thurnher“ (wer dahinter steckt, ist nicht ganz klar) auf Twitter Auskunft über einen Vogel: „amselgroß, im Schwarm auftretend“. Auf dem mitgezwitscherten Foto war ein Vogel mit grauem Kopf, braunem Rücken und gesprenkelter Vorderseite zu sehen. Die Antwort ließ nicht lange auf sich warten: „Wacholderdrossel“. Auch der korrekte Hinweis, dass die → Amsel ja selbst eine Drossel sei, blieb nicht aus. So viel zur taxonomischen Verlässlichkeit unseres Volksliedguts: „Amsel, Drossel, Fink und Star“.

Als „Krammetsvogel" seinerzeit auch kulinarisch geschätzt: die Wacholderdrossel

Die Wacholderdrossel, die sich von der Misteldrossel dadurch unterscheidet, dass – nein, das lassen wir jetzt einfach –, die Wacholderdrossel also lässt sich nicht nur durch Gestalt, Farb-Kombi und Musterung identifizieren, sondern durch ihr „schieres Hiersein in der Zeit" (Heidegger): Sitzen in der kalten Jahreszeit scharenweise amselig anmutende Vögel in den Baumwipfeln der Gärten und machen ratschend Radau, dann handelt es sich mit an Sicherheit grenzender Wahrscheinlichkeit um Wacholderdrosseln.

Video

In vergangenen Jahrhunderten waren die Wacholderdrosseln unter dem Namen „Krammetsvogel" – von althochdeutsch „kranawitu" für Wacholder – bekannt und beliebt. In Heinrich Heines Versepos „Deutschland. Ein Wintermärchen“ (1844) wird ein Loblied auf die „altgermanische Küche“ angestimmt – „Sei mir gegrüßt, mein Sauerkraut, Holdselig sind deine Gerüche!“ –, in dem auch folgende Speisenfolge besungen wird: „Wie jauchzten die Würste im spritzelnden Fett! / Die Krammetsvögel, die frommen / Gebratenen Englein mit Apfelmus, / Sie zwitscherten mir: ‚Willkommen!‘“ Wir weisen diesen zynisch-carnivoren Ausfall des sauberen Herrn Heine selbstverständlich mit aller gebotener Abscheu zurück!

GUCKST DU KUNST?
DIE WALDOHREULE

Die Auffassung, dass der Mensch so etwas wie „der natürliche“ Feind der Natur sei und diese daher in vom Menschen unberührten Regionen am besten gediehe, ist nach wie vor weit verbreitet. Stimmt bloß nicht. „Wir leben im Anthropozän“, meint etwa Helen Macdonald (→ Kernbeißer), „und müssen uns überlegen, wie wir die Natur managen, anstatt sie einfach in Ruhe zu lassen.“

Der Mythos, dass „das Land“ dem, was man sich als „unberührte Natur“ oder „Wildnis“ imaginiert, immer noch näher sei als „die Stadt“, ist mittlerweile nachhaltig destruiert worden. Will man die Reduktion der Artenvielfalt weiter vorantreiben, dann sind monokulturell ausgerichtete Agrarindustrie, die Zersiedelung des ruralen Raumes und die damit einhergehende Bodenversiegelung Topmaßnahmen; wohingegen Städte im Vergleich dazu nachgerade als Born der Biodiversität dastehen.

Das hängt unter anderem damit zusammen, dass viele Tiere, darunter natürlich auch zahlreiche Vogelarten, Kulturfolger sind, was ja bekanntermaßen nicht immer und bei

Schaut auch im Wiener Museumsquartier vorbei: die Waldohreule

allen Freude auslöst – Stichwort „Waschbären- und Wildschweinplage“.

Die Anstrengungen, den Wanderfalken auch „nach Wien zu holen“ und auf den Flaktürmen im Augarten anzusiedeln, sind zwar gescheitert, aber die Wanderfalken in London, Dublin oder New York belegen, dass sich „Wildtiere“ und Großstadt bestens vertragen können. Und offenbar sind ausgerechnet Museen für Vögel attraktiv, die man ansonsten nur selten zu Gesicht bekommt. Wanderfalken wurden auch schon auf der Tate Modern beobachtet, und in Wien sorgte im Jänner 2019 die Sichtung des in unseren Breiten superraren Goldhähnchen-Laubsängers zwischen dem Kunst- und dem Naturhistorischen Museum für großes Hallo unter den Birdwatchern des Landes.

Wanderfalken in London

Rarer Laubsänger in Wien

Zuletzt löste im Juni 2022 die Waldohreule einen kleinen regionalen Eulentourismus aus – und zwar just an einem Ort, an dem von „Wald“ wirklich nicht die Rede sein kann, nämlich im Museumsquartier. „Es sind nur vier da!“, wurde dem FaVoWa seitens eines Schanigartengastes beschieden, als dieser – nicht ganz unauffällig ausstaffiert mit Feldstecher und Kamera – unter den paar Kastanienbäumen zwischen Kantine und Mumok hin- und herschnürte.

Akustisch auffällig wurden die vier übrigens nicht, obwohl die Waldohreulen in dem wunderschönen Band „Greifvögel und Eulen“ von Paul Böhre und Joris de Raedt als ausgesprochen lärmig beschrieben werden – die jungen Ästlinge klingen angeblich wie eine Autoalarmanlage und werden deswegen schnell zu Opfern von Uhus und Habichten. Das neben dem weißen X im Gesicht auffälligste und namensgebende Kennzeichen des etwa 35 Zentimeter großen Vogels hat übrigens mit den tatsächlichen Ohren nichts zu tun: Diese liegen an der Kopfseite hinter den Augen, wohingegen es sich bei den vermeintlichen Waldohreulenohren lediglich um Federbüschel handelt.

Sieht einfach zum Anbeißen aus: die Wasseramsel

EINFACH ZUM ANBEISSEN!
DIE WASSERAMSEL

Für meine gelinde Wasseramselobsession ist mein Freund Tex mitverantwortlich, weil er mit angeberischer Beiläufigkeit von seinen Wasseramselbegegnungen erzählte, und ich noch nie eine gesehen hatte.

Ich hielt also Ausschau. Das Habitat der Wasseramsel war mir ja bekannt: klare, schnell strömende, sauerstoffreiche, mit Steinen oder Felsen durchsetzte Bäche und Flüsse. Und siehe da, vom Fenster eines Busses der Linie 690 aus gewahrte ich den begehrten Vogel – an der Traisen zwischen Dickenau und Türnitz (wer's kennt). Als ich die

Stelle danach zu Fuß aufsuchte, war sie auch tatsächlich „zu Hause“.

Das mit dem Zuhause der Wasseramsel ist nicht ganz unheikel. Die Nester liegen knapp über dem Wasserspiegel in Nischen und Höhlen, und diese speziellen Anforderungen bringen es mit sich, dass geeignete Nistplätze rar und die Wasseramsel daher ziemlich standorttreu ist. Unlängst wollte ich ihr wieder einmal einen Besuch abstatten und sah sie dann unweit der besagten Stelle tatsächlich über die Flussoberfläche dahinzischen, das macht sie nämlich gerne, die Wasseramsel. Ich habe mir nach der leider nur sehr kurzen Sichtung an diesem sehr schwülen Sonntag eine Flasche Bier in dem neben der Tierkörperabgabestelle gelegenen Stockschützenstüberl „Die Kasi's“ vergönnt – dem einzigen Ort in Türnitz, an dem man noch was trinken kann, nachdem alle Wirtshäuser dichtgemacht haben. Was für eine Verlade! (Die Kardinalschnitten der „Kasi's“ sollen allerdings „ein Gedicht“ sein).

„Die Kasi's“

Die Wasseramsel ist klar kleiner als die → Amsel und mit dieser in Wirklichkeit nicht (sehr) verwandt: Während die Amsel zu den Drosseln zählt, bilden die Wasseramseln eine eigenen Familie, die sogenannten *Cinclidae*. *Cinclus cinclus* ist deren einzige Vertreterin in unseren Breiten und einer der allerliebsten und appetitlichsten Vögel, denen der FaVoWa je begegnet ist. Etwa so groß wie ein → Star wirkt die Wasseramsel sehr kompakt, ja fast fett, und durch die Kombi von dem rahmfarbenen Lätzchen über dem schokobraunen Bauch sieht sie einfach zum Anbeißen aus. Sie selbst ist Fleischfresserin und ernährt sich vor allem von Mücken- und Fliegenlarven, an die sie – als einziger heimischer Singvogel, der das draufhat – auch durch Tauchgänge herankommt.

Voraussetzung für das entsprechende Nahrungsangebot sind reine Gewässer, weswegen die Wasseramsel auch als ein Bioindikator für eine intakte Wasserinsektenfauna und relativ saubere Fließgewässer gilt. Die Wasseramselabwesenheitstraurigkeit, die mich beschleicht, wenn ich an Stellen, an denen meines Erachtens Wasseramseln zwingend hingehörten, doch keiner ansichtig werde, hat also möglicherweise ökologische Ursachen: Vielleicht ist der Liesingbach, selbst dort, wo er renaturiert wurde, einfach nicht sauber genug.

Liesingbach

THINK BIG

DER WEISSSTORCH

„Auf unsrer Wiese gehet was, / Watet durch die Sümpfe. / Es hat ein schwarzweiß Röcklein an, / Trägt auch rote Strümpfe, / Fängt die Frösche, schnapp, schnapp, schnapp, / Klappert lustig klapperdiklapp. / Wer kann es erraten?" Jaja, schon gut, das ist doch babyleicht! Es ist der Klapperstorch (der tatsächlich klappert und ansonsten stumm ist). Aus irgendwelchen Gründen ist der Weißstorch, wie er tatsächlich und im Unterschied zu dem um ein Spürchen kleineren → Schwarzstorch heißt, der Kindervogel schlechthin. Er bevölkert nicht nur die Kinderlieder, Märchen, Mythen und Sagen, sondern bringt die Kinder bekanntlich auch, indem er sie – wie auf dem extremen Hochformat „Der Klapperstorch" von Carl Spitzweg – in die empfängnisbereiten Schürzen junger, ja viel zu junger Frauen oder – wie im berühmten „Every Sperm Is Sacred"-Sketch von Monty Python – in die Rauchfänge von Yorkshire plumpsen lässt.

Spitzwegs Klapperstorch

The Meaning of Life

Selber bringen Storch und Störchin, die sprachlich zu gendern der deutsche Schriftsteller Matthias Politycki so albern findet, dass er ins Exil nach Wien gegangen ist, es auf durchschnittlich 2,96 Storchenmäderln und -buberln pro Brutsaison. Dann hocken die Nestlinge erst einmal um die 60 Tage im Nest rum, das Horst genannt wird und ein be-

Falter-Artikel

Der Weißstorch ist nicht ganz so monogam, wie gerne behauptet wird

eindruckendes *Work in Progress* darstellt: Die Störche (deren Treue zum Neststandort höher ist als die etwas überschätzte Partnertreue) bauen nämlich über Generationen an ihren an exponierten Stellen wie Masten, Türmen, Rauchfängen und Schloten errichteten Horsten. Dass diese dann einige Meter hoch und zwei Tonnen schwer werden, dürfte eher ins Reich der Märchen und Mythen gehören, aber der FaVo-Wa findet zwei Meter Durchmesser und 500 Kilo Gewicht auch schon ziemlich beeindruckend, wobei er den Verdacht hat, dass man die Teile auch fertig im Baumarkt kriegt.

Fressen tun die Störche übrigens keineswegs nur Frösche oder andere Amphibien, sondern so ziemlich alles, was in ihrem Habitat kreucht und fleucht, kriecht und schwimmt, also auch Fische, Schlangen, kleine Vögel oder Maulwürfe. Rund drei Kilo futtert eine fünfköpfige Storchenfamilie an einem Tag weg. Im Unterschied zu den → Mauerseglern, die – schluchz! – bereits Anfang August am Rückflug nach Afrika sind, bleiben die Weißstörche noch ein paar Wochen länger hier, bis sie sich ebenfalls dorthin aufmachen, wobei die Route, mit der sie das Mittelmeer umfliegen, genetisch programmiert ist: Die Ostzieher wählen den Weg über die Dardanellen und den Suezkanal, die Westzieher die Straße von Gibraltar.

PAZIFIST MIT KOPFSCHMUCK
DER WIEDEHOPF

„Er is ka Kämpfer ned“, weiß Manfred Eckenfellner. In der Tat hat der prächtige Kopfschmuck, der dem Wiedehopf zu seinem flamboyanten Aussehen verhilft, so gar nichts Kriegerisches an sich. Überhaupt wirkt der etwa amselgroße Vogel aus nächster Nähe ziemlich zart. Die Erstbegegnung mit dem Wiedehopf provoziert eine ähnliche Reaktion wie jene mit dem → Bienenfresser: „Der gehört doch nicht hierher!“ Von der Anmutung her würde man den Wiedehopf eher in den Prärien zwischen Saskatchewan und South Dakota oder an den Ufern des Lake Chargoggagoggmanchaoggagoggchaubunaguhgamaugg vermuten als in den Weingärten des Wagram, aber genau dort ist er – so wie im Übrigen auch der Bienenfresser – zuhause. Das ist nicht zuletzt das Verdienst von Manfred Eckenfellner: Der Wiedehopfflüste-

Chargoggagoggmanchaoggagoggchaubunaguhgamaugg

Als Schädlingsstaubsauger von Winzern sehr geschätzt: der Wiedehopf

rer vom Wagram hat dafür gesorgt, dass dort, wo es 2003 nur noch ein Brutpaar gab, mittlerweile weit über 100 sind; österreichweit liegt der Bestand der Zugvögel, die alljährlich die 8000 Kilometer weite Flugreise aus Afrika auf sich nehmen, bei rund 700 Brutpaaren. Die Art gilt derzeit als nicht gefährdet.

Wiedehöpfe sind Höhlenbrüter, nisten in morschen Bäumen, Holzstößen, Hütten oder den Nistkästen, die der gelernte Tischler Eckenfellner ihnen zimmert. Tausende davon hat er mittlerweile angebracht und verschenkt – vor allem an die Weinbauern der Region, die nicht zuletzt dank seiner Aufklärungsarbeit den Wiedehopf, der sich fast ausschließlich von Insekten – darunter Maulwurfsgrillen und

Heuschrecken – ernährt, als Schädlingsstaubsauger schätzten gelernt haben. Um den Wiedehopf, der, wie gesagt, keine Kämpfernatur ist, vor dem Baumfalken zu schützen und ein *unfriendly takeover* der Wiedehopfwohnung durch die wesentlich wehrhafteren Stare zu verhindern, bringt Eckenfellner die Nistkästen so an, dass sie mindestens 80 Meter vom nächsten Waldrand entfernt sind und das adäquat dimensionierte Einflugloch maximal einen halben Meter über dem Boden liegt.

Ausgerechnet dieser scheue Pazifist figuriert prominent in einer der grausamsten mythologischen Erzählungen der Antike: In den Metamorphosen des Ovid wird König Tereus von Zeus in einen Wiedehopf verwandelt, nachdem er seine Schwägerin Philomela vergewaltigt und ihr die Zunge herausgeschnitten hat, damit sie ihn nicht verraten kann. In einer bacchantischen Racheaktion zerstückeln Philomela und ihre Schwester Prokne, Tereus' Frau, deren gemeinsamen Sohn Itys und setzen die gekochten Glieder dem Vater vor. Nach diesem Gewaltexzess vermag sich Zeus nur noch mit Vogelmetamorphose zu helfen: Philomela wird in eine → Schwalbe, Prokne in eine → Nachtigall verwandelt.

Upupa epops, wie der wissenschaftliche Name des Wiedehopfs lautet, ist eine onomatopoetische Prägung, denn tatsächlich gibt der Titelheld von Hans Werner Henzes Oper „L'Upupa und der Triumph der Sohnesliebe" in der freien Natur ein zartes „Uupuup" von sich. Wie man in dem Film „Die Rückkehr des Wiedehopfs" (2012) von Florian Berger und Stefan Polasek sehen und hören kann, beherrscht ihn Eckenfellner, der unter Vogelnarren und Wiedehopffans auf der ganzen Welt eine Celebrity ist, sehr überzeugend. Es ist übrigens die einzig authentische lautliche Äußerung Eckenfellners, da dessen innere Stimme im Film von Schauspieler Wolfgang Böck synchronisiert wird.

Video

Das Wintergoldhähnchen ist der kleinste Vogel Europas

NEUTRONENBOMBE DER NIEDLICHKEIT
WINTERGOLDHÄHNCHEN

Meine liebste Bushaltestelle in Favoriten ist die Urselbrunnengasse; nicht, weil die sonderlich pittoresk oder die benachbarte Shell-Tankstelle ein Architekturjuwel wäre, sondern weil man von dort in gute Gegenden geraten kann. Im Osten und Nordosten der Laaer-Berg-Straße erstreckt sich eine Stadtlandschaft, die nicht nur den erfreulich modernisierungsresistenten Böhmischen Prater umfasst, sondern von der Geländekante über der Löwygrube aus einen der schönsten Blicke auf die Stadt eröffnet: Vom Donauturm über die Platten-Skyline, die Gasometer bis zur Kuppel der Karl-Borromäus-Kirche des Zentralfriedhofs und den Spei-

Löwygrube

chern des Alberner Hafens entfaltet sich ein prächtiges Wien-Panorama, und wenn der Abhang zur Ostbahn bei entsprechender Schneelage berodelt werden kann, wird einem geradezu bruegelhaft ums Herz.

Bruegel Panorama

Sehr zu empfehlen ist es auch, sich entlang des Stadtwanderwegs Nr. 7 in die Büsche zu schlagen, durchs Wäldchen zwischen Blauem Teich und Butterteich zu schnüren, Augen und Ohren offen zu halten. Man wird das Klopfen der → Buntspechte vernehmen, das böse Keifen tourettierender → Eichelhäher und das Piepsen und Zirren zweier zierlicher Vogelarten, die indes als Giganten der Putzigkeit gelten müssen. Ich spreche natürlich von der → Schwanzmeise und dem Wintergoldhähnchen.

Das keine zehn Zentimeter große und wenige Gramm schwere Wintergoldhähnchen, der kleinste Vogel Europas, ist keineswegs an die namensgebende Jahreszeit gebunden, allerdings in dieser etwas leichter zu identifizieren als im Sommer, weil der gelbe (Weibchen) bzw. orange (Männchen), über die Mitte des Köpfchens verlaufende Irokesenstreif dann besser zu sehen ist. Vom Sommergoldhähnchen unterscheidet sich das Wintergoldhähnchen durch die weiße Einfassung der Augen, die ihm „ein niedliches Gesicht" (Svensson) beziehungsweise „einen sehr possierlichen Gesichtsausdruck" verleihen. Der Blick des Wintergoldhähnchens ist irgendwo zwischen absoluter Arglosigkeit und unerschütterlichem Weltvertrauen angesiedelt, aber nur sehr schwer fotografisch festzuhalten, da *Regulus regulus*, ohnehin schon winzig, darüber hinaus aber auch keine zwei Sekunden still auf einem Zweig zu sitzen vermag.

„sehr possierlich"

Der Zaunkönig ist ein Höhlenbewohner, der sich nicht versteckt

PUTZIGER PRIAPISMUS
DER ZAUNKÖNIG

Im Alphabet kommt er sehr spät, doch in der Wertschätzungstabelle des FaVoWa nimmt der Zaunkönig einen Spitzenplatz ein, er ist nämlich dessen FLBJ: *Favorite Little Brown Job*. Er ist sehr klein (an Gewicht unterbieten ihn nur das → Wintergoldhähnchen und das Sommergoldhähnchen) und sehr braun, aber durchaus nicht unauffällig. Erstens macht er für einen Winzling einen ziemlichen Wirbel – ich finde, er klingt irgendwie „metallisch" –, und zweitens steht sein gleichsam dauererigierter Schwanz in einem ziemlich auffälligen Winkel von beinahe 90 Grad ab. Darüber hinaus weist er das appetitlichste Braun unter den heimischen Vögeln auf – als potenzieller Konkurrent fiele mir nur die

→ Wasseramsel ein –, was daran liegt, dass er an eine fliegenden Schokotrüffel erinnert.

Zu Etymologie und Benennung des Zaunkönigs findet sich in dem äußerst informativen Eintrag auf Wikipedia sehr viel Interessantes und Unterhaltsames. Dazu zählt der Hinweis darauf, dass der „Zaunkönig" auch in Litauen, Polen, Frankreich, Italien und Japan als „König" bezeichnet wird (die jeweiligen Begründungen sind köstlich!), und dass das altgermanische „*wrendo*" für „Winterkönig" im Englischen überdauert hat, wo der Zaunkönig *wren* heißt; ein Name, den er mit Sir Christopher Wren teilt, einem der bedeutendsten Architekten Englands, der halb London mit seinen Kirchen, Palästen und Monumenten zugestellt hat.

Christopher Wren

Weniger nobel ist die Heimstatt des Zaunkönigs, dessen lateinischer Name ihn als Höhlenbewohner ausweist: *Troglodytes troglodytes*. Aber auch wenn er sich gerne im dichten Unterwuchs in Boden- und Wassernähe aufhält, kriegt man das kregle Kerlchen doch recht unschwer zu Gesicht.

MACHT „ZILP" UND „ZALP"
DER ZILPZALP

Der Zilzalp zählt zu den Vögeln, die jede/r schon mal gehört hat, aber nur jene tatsächlich gesehen haben, die es dann schon ein bisschen genauer wissen wollen. Nicht, dass er sonderlich scheu oder schwer zu sichten wäre, aber er zählt zu jenen Vertretern aus der Familie der Laubsängerartigen, die von verwaschen-fader Farbgebung sind, im Gezweig herumhüpfen und nicht viel hermachen. Vom der nämlichen Familie zugehörigen Fitis unterscheidet sich der Zilpzalp in Hinblick auf die Handschwingenprojektion.

Hand-schwingen-projektion

Falls man gerade seine Handschwingenprojektionsschublehre nicht dabeihaben sollte, muss man sich auf den

Versucht „Tom's Diner“ von Suzanne Vega nachzupfeifen: der Zilpzalp

Gesang verlassen. Keine Ahnung, wie der Fitis klingt, jedenfalls anders. Der Zilpzalp aber heißt so, wie er singt. Er macht „zilp“ und „zalp“.

Für mich klingt der Zilpzalp ein wenig so, als würde er „Tom's Diner“ von Suzanne Vega nachpfeifen wollen, aber nicht sehr weit kommen. Egal. Wer beim Spazierengehen durch Wälder, Parks und Gärten den Zilpzalp einmal gehört hat, wird ihn jedenfalls beim nächsten Mal zweifelsfrei zu identifizieren wissen. Was Vogelstimmen anbelangt, ist der Zilpzalp ein Anfängervogel allererster Güte. „Den Zilzalp im Ohr. Erinnerungen eines unterambitionierten Birdwatchers“ wäre ein schöner Titel für die Memoiren, die ich nie schreiben werde.

Suzanne Vega Song

NOW YOU SEE IT, NOW YOU DON'T

DER ZWERGTAUCHER

Eine Bucht, so kann man es im entsprechenden Eintrag der freien Internet-Enzyklopädie lesen, ist „ein dreiseitig von höherem Gelände umschlossenes geographisches Objekt in lokalem oder regionalem Maßstab", das sich vielfach „in Gestalt eines annähernd bogenartigen Zurückweichens der Uferlinie äußert". Schöner hätte ich es auch nicht sagen können. Beim Wort Bucht denken viele an palmenbestandene Sandstrände, vor denen Piratenschiffe ankern und an denen spärlich bekleidete Menschen mit ranken, bronzefarbenen Körpern Cocktails servieren.

Brigittenauer Bucht

All das findet man in der Brigittenauer Bucht nicht. Stattdessen gibt es dort Beton, Energyplörreentertainment und Verbrechen, denn wiederholt wurden hier im vergangenen Jahr Schwäne misshandelt und getötet. Sichtlich treiben sich dort nicht nur Vogelfreunde herum. Die aber auch. Man begegnet an der Neuen Donau zwischen der Brigittenauer Bucht und, sagen wir mal, der Gerhard Weber Wehrbrücke neben den zu erwartenden Möwen, Enten, Schwänen und Sägern auch einem Winzling, der aussieht wie eine die Puderquaste, die schwimmt, plötzlich weg und auf einmal wieder da ist. Slavoj Žižek würde an dieser Stelle einen mit dialektischen Volten garnierten Essay über Freuds „Fort-Da-Prinzip" einschieben; wir schlichteren Gemüter deuten das Geschehen – „fort" und „da" dauern jeweils 18 bis 20 handgestoppte Sekunden – dahingehend, dass ein ziemlich kleiner und ziemlich putziger Vogel schwimmt und taucht.

Das Fort-Da-Prinzip

Moaah, wie süß. Ein tauchendes Entenküken! Ja, so sieht es auf den ersten Blick aus. Auf den zweiten hat der Kleine aber keinen Entenschnabel, dahinter einen hellen Fleck, ein dunkleres Käppi und einen kastanienbraunen Hals.

Ist klein, taucht gerne, macht seinem Namen alle Ehre: der Zwergtaucher

Vögel, die tauchen, nennt man folgerichtig Taucher. Wenn sie sehr klein sind: Zwergtaucher. Der Zwergtaucher ist der kleinste Taucher, hat aber trotzdem – wie alle Angehörige der Familie der Lappentaucher – über 20.000 Federn. Klein, aber dicht!

DER AUTOR

KLAUS NÜCHTERN

Studierte Anglistik und Germanistik, seit über 30 Jahren Redakteur und Kolumnist bei der Wiener Wochenzeitung FALTER. Autor von Büchern über Buster Keaton und Heimito von Doderer, Staatspreisträger für Literaturkritik. Darüber hinaus: Mitglied der Cloud Appreciation Society sowie Betreiber des Jazz-Labels Handsemmel Records

DIE ILLUSTRATORIN

SILVIA UNGERSBÖCK

1986 geboren und aufgewachsen in der Steiermark. Sie besuchte das College für Grafik- und Kommunikationsdesign in Wien und studierte an der Akademie der bildenden Künste bei Gunter Damisch und Christian Schwarzwald. Sie arbeitet als Künstlerin und Illustratorin in Wien und ist Mutter von zwei Kindern.